Web制作者のための
Illustrator[イラストレーター]
&ベクターデータ
の教科書

マルチデバイス時代に
知っておくべき新・グラフィック作成術

あわゆき、窪木博士、三階ラボ（長藤寛和・宮澤聖二）、松田直樹 著

インプレス

著者プロフィール

あわゆき

Chapter 1、Chapter 3 (3-4) 担当

東京での制作会社勤務を経て、2009年から関西でフリーランスとして活動中のWebデザイナー兼イラストレーター。Twitterのプロフィール画像を気分や時事ネタに合わせて次々と変える「アイコン芸」をきっかけにIllustrator愛に目覚め、デザインツールも宗旨替えした発展途上イラレラヴァー。LINEクリエイターズスタンプ「寿司ゆき」も大好評発売中。著書に『LINEスタンプ つくり方＆売り方手帖』(玄光社／共著)。

- Twitter @awayuki
- Facebook https://www.facebook.com/awayuki.net

窪木 博士（くぼき・ひろし）

Chapter 5 担当

岡山県在住。パッケージ・グラフィック（DTP）デザインを経て、現在は地元SIerにてWebやエンタープライズ系システムのUIデザインに携わる。設計からグラフィック・マークアップをこなしながら、セミナー主催や登壇なども。著書に『現場で必ず使われている CSSデザインのメソッド』（MdN／共著）、『プロとして恥ずかしくない 新・WEBデザインの大原則』（MdN／共著）、Sketch 3の電子書籍『Sketch 3の基本。』がある。

- Webサイト http://creative-tweet.net

三階ラボ（さんかいらぼ）

Chapter 2、Chapter 3 (3-1～3-3)、Chapter 4 担当

長藤寛和（ながふじ・かんわ）と宮澤聖二（みやざわ・せいじ）による、作業効率を追求するデザイン制作会社。グラフィックデザイン、ユーザーインターフェースデザイン、キャラクターデザイン、CI/VI、パッケージデザイン、モーショングラフィックデザイン、Webデザイン、アートディレクションなどの業務を行っている。ビジュアルデザイン部分のすべてをIllustratorで作成するイラレオタクな二人組。

- Webサイト http://3fl.jp
- Twitter @3flab
- Facebook https://www.facebook.com/3flab

松田 直樹（まつだ・なおき）

Chapter 6 担当

ゲーム業界にて企画開発に従事した後、Web業界に転身。2011年より株式会社まぼろしにCCOとして参加。ゲーム業界で培った企画力を生かしつつ、デザイン・マークアップ・プログラム、書籍の執筆や講演といった業務を幅広く担当。また、日本史の歴史系ライティング活動も行っている。主な著書に『これからのWebサイト設計の新しい教科書 CSSフレームワークでつくるマルチデバイス対応サイトの考え方と実装』（MdN／共著）がある。

- 歴史雑談録 http://rekishi.maboroshi.biz
- Twitter @rekishizatsudan

Apple、Mac、Macintoshは、米国 Apple Inc.の登録商標です。
Microsoft、Windowsは、米国 Microsoft Corporationの登録商標です。
その他、本文中の製品名およびサービス名は、一般に各開発メーカーおよびサービス提供元の商標または登録商標です。なお、本文中には™および®マークは明記していません。

はじめに

Webにベクターグラフィック……。かつては敬遠されることもあったフォーマットが見直され、次第に浸透しはじめています。多様な解像度や先の見えない変化にも柔軟に対応できる点が評価され、Illustratorのようなベクターベースのツールでグラフィックを制作するデザイナーも増えてきました。また、Webで直接利用できるフォーマット「SVG」は、サイズを問わず美しく表示でき、さまざまな処理を施したりアクセシビリティに配慮したりできる特徴から、今後ますますの活躍が期待されます。マルチデバイス化でWebの閲覧環境が多様化し続ける今日において、「ベクターデータ」はデザイン・実装の両側面で制作者にとってメリットが大きいものになりました。

このような現状を踏まえて、マルチデバイス時代のWeb制作をより効率化するための「ベクターデータ」をテーマにした本書を執筆しました。

Chapter 1〜4では、Illustratorで効率よくWebやアプリのデザインを行うための事前準備やワークフロー、最終的な書き出しまでを解説しています。日常的にIllustratorを利用している方の新たなヒントに、または他のツールからの乗り換えを検討している方のお役に立てれば幸いです。なお、本書はCC 2014をもとに解説しています。多くはCS6以前でもそのまま使えますが、可能であれば最新版の利用をおすすめします。

Chapter 5で紹介する「Sketch 3」は、スクリーンのUIデザインに特化してシンプルに扱えるのが魅力のツールです。Illustratorほどの機能は不要という方のために、その長所や活用方法を解説します。PhotoshopやIllustratorとデータをやり取りする際の注意点や、便利なプラグイン、連携サービスなども紹介しているので、プロジェクト全体の効率をより重視する方にもおすすめです。

そしてChapter 6では「SVG」について解説します。フォーマットの成り立ちからコード調整のコツ、埋め込み方とその注意点などの基本的な点をひととおり解説しました。「WebでSVGを使ってみたい」という方のはじめの一歩として、または、何となく使っていたSVGの特性を改めて理解したいという方は、ぜひ参考にしてください。

変更に強いグラフィックパーツ制作のコツや、WebサイトにSVGを取り入れるための情報をふんだんに盛り込んだこの一冊が、デザイナーやエンジニアの皆さまの一助になることを願っています。

2015年4月
著者を代表して　あわゆき

CONTENTS 目次

著者プロフィール 2

はじめに 3

第1章　マルチデバイス時代の　ベクターデータのススメ　　9

1-1　マルチデバイスとグラフィック 10
デバイスの多様化に追いつけるか 10
ピクセルの檻から抜け出す 11
ベクターで作る、ベクターで表示する 11

1-2　Illustrator の特徴 13
ベクター形式のデータを扱える 13
さまざまな形式やサイズで書き出せる 14
RGB ／ CMYK に対応している 15
データが軽い 16
数値で管理できる 18
多彩な選択方法がある 18
複数のアートボードを配置できる 20
アピアランスによる装飾ができる 22
色の管理がしやすい 23
オブジェクトが管理しやすい 24
シンボルを使いまわせる 25
複合シェイプで容易に再編集できる 26
合成フォントでフォントを自在に組み合わせられる 27

第2章 制作準備と気を付けるポイント 29

2-1 制作準備 30

各種設定を行う（環境設定） 30
ドキュメントを整理する 33
アートボードを整理する 36
合成フォントを作成する 39
テンプレートとして保存する 41

2-2 作業中に気を付けること 44

数値とピクセル 44
ガイド 44
アートボード 46
定規 46
アンカーポイント 46
線 47
線幅と効果を拡大・縮小 48
隠す 48

第3章 修正に強い Illustrator デザインワークフロー 49

3-1 ピクトグラムデザインのワークフロー 50

効率よくパーツを組み立てる機能 51
歯車マークを作る 59
ピクトグラムの管理と流用 64

3-2 ロゴデザインのワークフロー 68

ロゴマーク作成のポイント 69
アイデアスケッチ 70
最初のデザイン案を作る 71
1つのファイルでバージョン管理 77
ロゴを使ってアイコンを作成 78
納品データの作成 80

3-3 可変幅のカード型 Web デザインのワークフロー 82

アートボードで画面サイズを管理する 83
コラム：複製してからサイズ調整 86
大枠のレイアウトをする 86
共通フォーマットのパーツを作る 88

コラム：シンボルの編集 ··· 91
コラム：シンボル化するときのポイント ·· 92
コンテンツを作る ·· 95
コラム：グループ化してから［変形］効果とスポイトツール ·············· 102
確認用アートボードにコンテンツを複製する ···································· 106

3-4 プロモーション系 Web デザインのワークフロー ············· 107

RWD のデザイン制作のポイント ··· 108
アートボードを準備する ·· 109
レイアウトする ·· 110
コラム：ワイヤーフレーム資料として併用する ································· 113
共通パーツのデザインを共有しながらデザインする ·························· 115
申し送りを残す ·· 118

第4章 Illustrator からの素材の書き出し　119

4-1 素材を効率よく書き出すには ································· 120

さまざまな書き出し方法 ·· 120
アートボードごとに書き出す ·· 123
コラム：アートボードを作成・調整するスクリプト ·························· 124
コラム：素材のカタログを作成する ·· 125
ビットマップ形式で書き出す ·· 125
ベクター形式で書き出す ·· 127
書き出し機能の現状と対処 ··· 129

第5章 新世代デザインツール 「Sketch 3」 の魅力　131

5-1 Sketch の魅力 ·· 132

Sketch とは ··· 132
Sketch の特徴 ·· 133
コラム：意外にも多い Sketch ユーザー ··· 135
Sketch の特徴的な機能 ··· 136
Sketch を使う上で気を付けたいこと ··· 140

5-2 Sketch の使い方 ··· 142

Sketch の基本 ·· 142
ピクトグラムを作る ··· 145
ワイヤーフレームを作成する ·· 155
アプリ UI デザイン ·· 160

5-3	他のアプリとデータをやり取りする	165

Illustrator とのやり取り ……………………………………… 165

Photoshop とのやり取り ……………………………………… 169

Fireworks ……………………………………………………… 171

汎用ファイルフォーマットの読み書き ……………………… 172

Sketch と相互でデータをやり取りするには ……………… 175

5-4 プラグインで Sketch をもっと便利に 176

Sketch プラグインの探し方 ………………………………… 176

プラグインのインストール …………………………………… 177

入れておきたいプラグイン …………………………………… 177

5-5 Sketch と連携するアプリ＆サービス 183

Sketch Mirror ………………………………………………… 183

Skala Preview/Skala View …………………………………… 185

SketchTool …………………………………………………… 188

Sketch ToolBox ……………………………………………… 190

inVision ……………………………………………………… 192

コラム：その他のツールやサービス ……………………… 198

第6章 ベクターフォーマット 「SVG」を使いこなす

199

6-1 SVG（Scalable Vector Graphics）とは 200

SVG はベクターグラフィックを記述できる XML 文書 …… 200

ブラウザの対応状況 ………………………………………… 202

さらに進化する SVG ………………………………………… 202

6-2 SVG の基礎 203

宣言と名前空間 ……………………………………………… 203

svg 要素と viewBox 属性 …………………………………… 204

コラム：SVG を拡縮した場合のアスペクト比 …………… 209

さまざまな図形の描画と配置 ……………………………… 209

図形の変形 …………………………………………………… 212

図形のグループ化とモジュール化 ………………………… 214

6-3 SVG の効果・装飾 218

属性、または CSS による装飾 ……………………………… 218

グラデーション ……………………………………………… 220

図形のマスク ………………………………………………… 221

フィルター …………………………………………………… 223

アニメーション ……………………………………………… 225

コラム：SVGのDOMはHTMLのDOMとは似て非なるもの … 229

6-4 Illustrator と SVG ···································· 230

SVG の保存・書き出し ·· 230
書き出したあとのコード調整 ···································· 234
オリジナルの SVG フィルターを適用させる ······················ 236
コラム：フィルターを自作するには ······························ 238
SVG で再現できないこと ·· 239
コラム：SVG 2 の paint-order 属性 ···························· 240
SVG を軽量化する ·· 241

6-5 HTML 内での SVG の表示 ·························· 246

HTML への埋め込み方 ·· 246
img 要素で表示する ·· 247
object 要素で表示する ·· 249
CSS の background プロパティで背景画像として使う ·············· 251
HTML5 内でインライン SVG で表示する ························ 253
各ブラウザでの SVG 表示の相違点まとめ ························ 256
参照モードと処理モード ·· 257
SVG 非対応ブラウザへのフォールバック ························ 258

6-6 SVG ならではの効果的な使い方 ···················· 262

CSS Sprites よりも便利な SVG Sprites ························ 262
SVG に Media Queries を取り入れる ·························· 264
CSS 内でも使える疑似的インライン SVG ······················ 266
画像の「中身」にアクセシビリティを確保する ···················· 267

索引 ·· 269

マルチデバイス時代の
ベクターデータのススメ

デバイスの多様化が加速する現在において、Webサイト向けグラフィック制作の効率を上げる鍵となるのが「ベクター」です。まずは、作る／使うの双方で活躍が期待されるベクターデータおよび制作ツール「Illustrator」について紹介します。

Chapter 1

1-1 マルチデバイスとグラフィック

スマートフォンやタブレットなど、PCのブラウザ以外でもWebサイトを気軽に閲覧できるデバイスが普及して何年も経過しました。多くのWeb制作者が閲覧環境の多様化に対応したサイト制作に追われる中、解決策の1つとして注目を集めているのが「ベクターデータ」です。ここでは、マルチデバイス時代へのベクターデータの関わりについて紹介します。

デバイスの多様化に追いつけるか

　OpenSignalというモバイル環境に関するレポートサイトによると、市場に出回っているAndroid端末は2014年8月時点でも18,000種類を超え、そのディスプレイの解像度のバリエーションは果てしなく増加し続けています 図1 。

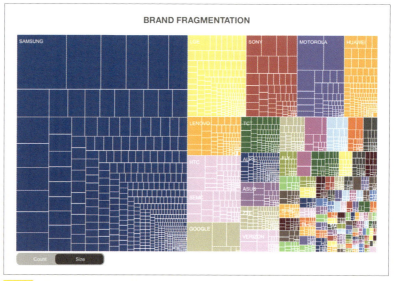

図1　OpenSignalのアプリを利用しているAndroid端末の機種と解像度の比率をメーカーごとに区分した図。マルチデバイス化の現状の話と合わせてこのレポートを目にした方も多いはず（http://opensignal.com/reports/2014/android-fragmentation/）

iOS端末であってもディスプレイサイズは複数展開していますし、あるいは今後増加するであろうウェアラブル端末とWebサイトは一体どのように関わっていくのか……など、Webサイトを作る側にとって気になる話題は尽きません。

ピクセルの檻から抜け出す

かつてはPCだけの画面サイズをあらかじめ規定して制作すればよかったこともあり、Adobe Photoshopに代表されるビットマップベースのグラフィックソフトでデザインカンプを制作しても、十分にこと足りていました。

しかし、果てしなく増え続けるデバイスを見据えなければならない現在のWeb制作においては、HTML／CSSやその他技術を中心としたコード側の対応のみではなく、サイトを装飾するグラフィックパーツにも影響が及んできています。そんな中、各デバイスの画面サイズやピクセル密度に対応した画像を効率的に作成できることや、1つのグラフィックデータでデバイスを問わずにきれいに表示できる点で注目されているのが「ベクターデータ」です。

ベクターで作る、ベクターで表示する

「ベクターデータをWebサイトのグラフィックに活用する」とひとことでいっても、そのアプローチは制作過程とWebサイトでの利用の、大きく2つに分けて考えることができます。

グラフィックパーツをベクターベースのソフトで作る

1つ目は、グラフィックパーツをベクターベースのソフトで制作することです。代表的なものではAdobe Illustrator 図2 が有名ですが、その他にも最近ではSketch 3 図3 などをメインで用いるWebデザイナーも増えています。

図2 Adobe Illustrator - いわずと知れたベクターベースのドローイングソフトの代表選手
（http://www.adobe.com/jp/products/illustrator.html）

図3 Sketch 3 - Mac OS X専用アプリだが、単体で購入しやすくWeb制作向けの機能も取りそろっていることから選択する制作者も増えている
（http://bohemiancoding.com/sketch/）

　ベクターデータでグラフィックを制作しておくと、リサイズをはじめとした各種変更にも柔軟に対応できます。また、PNGやGIF、JPEGなどのビットマップ画像の素材として最終的に書き出す段階でも、解像度を自由にコントロールできるのが大きな特徴です。

ベクターデータをそのままWebサイトで利用する

　もう1つは、Webサイトで表示させる画像そのものをベクター形式にしてしまうことです。ブラウザ上で直接パスなどの数値情報をもとに描画するため、表示サイズや角度を問わずスムーズなグラフィックを表示することができ、アニメーションさせることも可能となります。ベクター画像のフォーマットであるSVGは、最近ではほとんどのブラウザで表示がサポートされ、利用可能な環境はほぼ整ってきました（詳しくはChapter 6を参照）。

　Webサイトに使うグラフィック素材としてのベクターデータは、これからますますの活躍が予想されます。そして、こういったベクターフォーマットの画像を制作するのにもまた、ベクターベースのソフトの存在は外せません。

　以上のように近年のWeb制作の諸事情を踏まえると、Illustratorなどのベクターベースのソフトの活用シーンが急増しているといっていいでしょう。本書では、上記2つのアプローチの両方を採り入れたデザイン手法について解説します。

　次のセクションからはじまる本書の前半では、国内ユーザーが多いIllustratorをWebデザインに生かす方法について解説していきます。

① -2　Illustratorの特徴

Illustratorはグラフィックデザインのための高度な機能を数多く備えており、それらはもちろんWebデザインでも存分に活用できます。ここでは、Illustratorの多彩な特徴の中から、Webなどのデジタルデバイス向けデザインでキーになるポイントを中心に紹介します。

ベクター形式のデータを扱える

> **ヒント*1**
> 本書では読みやすくするためにIllustratorのユーザーインターフェースを「明（100%）」に設定しています。

Illustrator[*1]はベクター画像の描画を基本とするドローイングソフトです。

Illustrator上で作成されるほとんどのグラフィックは、基本的にはベクターデータ（アウトラインデータ）として保持されます（配置・埋め込みしたビットマップ画像や、ラスタライズしたデータを除く）。ベクター画像は、点（アンカーポイント）とその間を結ぶ線（セグメント）で構成された「パス」によって成り立っています。そして、その線自体や線に囲まれた領域の塗りなどの装飾設定によって見た目が表現されます 図4 。

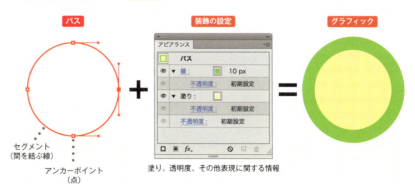

図4　ベクター画像の成り立ち。Illustratorでは［アピアランス］パネルでパスなどのオブジェクトの装飾状態を確認できる

このベクター画像のデータの中身は、各点の座標や線の軌跡、色などに関する数値情報のみで成り立っています。そのために拡大・縮小や変形などを繰り返し行っても劣化が起こらず、画像が大きくなったとしてもデータサイズはほとんど変化しません。

ベクター画像と Web デザイン

近年ではマルチデバイス化の影響もあり、さまざまな画面サイズやピクセル密度に対応した UI やグラフィックが必要とされる場面が増えてきました。そんなときに容易に各種サイズに合わせたグラフィックを用意できれば、制作者の負荷は軽減されます。特にグラフィックを拡大しても劣化しない点は、ビットマップデータを基本としているグラフィックソフト（Photoshop など）と比べると、大きなアドバンテージといえるでしょう。

例えば、Retina などの高ピクセル密度のディスプレイが続々と登場してきている中で、過去に制作したサイトであとから高解像度の画像が必要になったとしても、いちから作り直さずに済みます。簡易なサイズ調整や書き出すサイズの変更のみで対応できるのは、今後を考えても安心感があります。

また、近年注目度が高まってきている SVG フォーマットの画像を作成するのにも、今のところベクターベースの Illustrator に分があるのはいうまでもありません。

さまざまな形式やサイズで書き出せる

実際の Web サイトでグラフィックを用いるには、デザインした元のデータのままではなく JPEG、GIF、PNG や SVG、または PDF といったフォーマットのグラフィック素材のファイルが必要になります。Illustrator でももちろん、これらのフォーマットでのファイル書き出しが可能です（Chapter 4 参照）。

とりわけ、Illustrator の画像書き出し機能の中で注目してほしいポイントは、書き出す段階で画像のサイズもハンドリングできる点です。前述のようにIllustrator はベクター形式であるがゆえに、制作した実寸と違うサイズ（解像度）でもきれいにグラフィックを書き出せます 図5 。

図5 1つのグラフィックから異なるサイズの画像を書き出す例。[ファイル]メニューの[書き出し]からPNG画像を書き出す場合、オプションで解像度を調整することで元のグラフィックと異なるサイズの画像を書き出せる

　このため、必要なサイズごとにコピー・リサイズして別々のグラフィックを作成しておく必要がありません。1つのグラフィックから複数サイズの画像データを書き出せるため、@2xや@3xといった高密度ピクセル向け画像も一度に準備できます。書き出しの手間が減るだけでなく、あとから修正が発生した際にも、複数箇所に並行して変更を施す必要がなく効率的です。

RGB／CMYKに対応している

　Webデザイン向けに作られたグラフィックソフトでは、カラーモードがRGBにしか対応していない場合もあります。その一方でIllustratorはDTPにおいても標準的に利用されるソフトですし、RGBとCMYKのどちらも利用することができます[2]。

印刷物への（からの）流用がスムーズ

　ふだん仕事でWebデザインを行っている人の多くは、本やフライヤー、パッケージなどの印刷物で利用した素材をWebに流用したり、逆にWebやテレビ、アプリ用にデザインしたものを印刷物に流用したりするケースを経験したことがあるかと思います。こういった場合にカラーモードを速やかに変更して素材を流用しやすいのも、Illustratorのありがたいところです。

> ヒント[2]
>
> Chapter 5で紹介するSketch 3にはCMYK出力などの印刷向け機能がなく、Illustratorに比べると機能は少なめです。しかし、「データが軽い」「さまざまなサイズで書き出せる」といった、ここで挙げているメリットの多くは共通しています。

データが軽い

繰り返しますが、Illustratorはベクターデータが基本になります。前述の通り、パスなどに関する数値情報によってデータが構成されるため、ファイルのサイズはグラフィックの大きさ自体には依存することがなく、比較的データサイズが軽くなります。

例として、Photoshop CC 2014とIllustrator CC 2014を使って、それぞれサイズ違い（500px四方と1000px四方）で同じグラフィックを作成した場合を見てみましょう。

Photoshopの場合

Photoshopでは500px四方のカンバスサイズのファイルで約87KB、1000px四方のもので約206KBになり、ファイルサイズが倍ほど違ってくるのがわかります。このように、Photoshopではまずカンバスサイズによってファイルサイズに差が出てきます 図6 。

カンバスサイズ	: W 500px / H 500px
レイヤー数	: 1
内容	: 直径400pxのシェイプレイヤー1点
ファイルサイズ	: 87KB

カンバスサイズ	: W 1000px / H 1000px
レイヤー数	: 1
内容	: 直径800pxのシェイプレイヤー1点
ファイルサイズ	: 206KB

図6　Photosohpでは、カンバスサイズが大きいほど、レイヤーを重ねるほどファイルサイズが大きくなる

また、レイヤーを重ねるほどにそのカンバスサイズ分の情報が積み重なっていくため、データサイズが肥大化していきます。

Illustratorの場合

　一方Illustratorでは、アートボードサイズが500px四方、1000px四方のいずれのパターンのファイルであっても、ファイルサイズはほぼ同じです。オブジェクトやレイヤーを重ねた場合でも、同じ形状・内容のオブジェクトによって構成されているものであれば、双方のファイルサイズはほとんど変わりません 図7 。

アートボードサイズ	：W 500px / H 500px
レイヤー数	：1
内容	：直径400pxの 　円形シェイプ1点
ファイルサイズ	：93KB

アートボードサイズ	：W 1000px / H 1000px
レイヤー数	：1
内容	：直径800pxの 　円形シェイプ1点
ファイルサイズ	：93KB

図7　Illustratorでは、アートボードやオブジェクトのサイズにファイルサイズは依存せず、グラフィックの持つ情報量によってファイルサイズが変わる

　極めて小サイズでシンプルなグラフィックのみであれば、ビットマップデータのほうがファイルサイズが軽くなる場合ももちろんあります。ただし、通常のWebデザインで必要になってくるカンバスサイズ（アートボードサイズ）やデザイン要素の量を考えれば、Illustratorでのデータの軽量化は十分に期待できます。

データが軽いことのメリット

　データサイズが軽いことの利点（またはデータサイズが大きくなりすぎることによる不便）は多くの人がふだんから実感していることでしょう。近年ではDropboxなどのオンラインストレージにデータを保管している場合も少なくないと思いますが、同期がスピーディーであれば、作業に付随して前後にかかる時間も短縮できます。プロジェクトの関係者とファイルをやり取りする際にも、転送時間や記憶装置の容量を圧迫しないことはお互いにありがたく感じられることでしょう。

数値で管理できる

これも基本的にベクターデータであることに由来しますが、Illustratorではすべてのパーツを数値で管理できます 図8 。

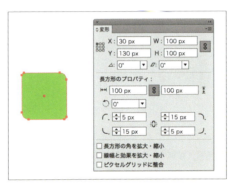

図8 ［変形］パネルでは選択中のオブジェクトの位置やサイズに関する情報などを数値で参照、変更できる

　管理できる数値は作成したグラフィックのサイズや座標だけではありません。オブジェクトを移動したり複製したりするときにも、明確に数値を指定することも可能です。キー操作やドラッグによる感覚的な調整のみに頼らず、素早くきっちりとデザインパーツをレイアウトできます。

　デジタルデバイス向けのUIデザインでは特に、小単位の情報のブロックをモジュールとして規則的に繰り返してレイアウトする場面も多々あります。デザインパーツを数値で管理したり整えたりすることができれば、こういったケースを踏まえた整然としたデザインを提供できるメリットがあります。また、コーディングしていく際にも参照しやすく、副次的にプロジェクトの効率化を狙える利点も生まれるでしょう。

多彩な選択方法がある

　Illustratorでオブジェクトの選択にまつわるツールは、実はとても高機能です。ツールやオプションを上手に使い分けることで、さまざまな情報をもとに取捨選択して対象をピックアップできます。

属性が共通しているオブジェクトを選択する

あるオブジェクトを選択した状態で［選択］メニューの［共通］の各種オプションをクリックすると、ドキュメント上で指定した条件が一致するオブジェクトが自動で選択されます。

例えば黄色の塗りを持つ星型シェイプを選択した状態でこのメニューから［カラー（塗り）］を選ぶと、同じ色を塗りに持つオブジェクトのみがピックアップされます。まとめて色を変更したい場合などにも便利です 図9 。

図9　カラー（塗り）が共通するオブジェクトを選択

スポイトツールで必要な情報のみを抽出・適用する

また、オブジェクトの持つカラーやアピアランス属性を選択、抽出する［スポイトツール］も細やかな機能を備えています。

［ツール］パネルの［スポイトツール］アイコンをダブルクリックすると［スポイトツールオプション］ダイアログボックスが表示されます。この内容をカスタマイズすることで、スポイトツールで対象から吸い上げたい情報、省きたい情報をあらかじめ決めておくことができます 図10 。

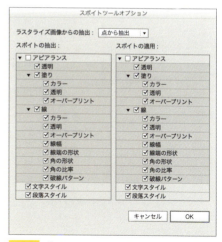

図10　［スポイトツールオプション］ダイアログボックス

これらの選択に関する機能は、オブジェクトの装飾情報を数値としてきっちり持っているIllustratorだからこそ扱えるものです。上手に活用することで作業の

効率を格段にアップできるでしょう。

複数のアートボードを配置できる

　Illustratorはドキュメント上で「アートボード」を扱えるのが大きな特徴で、効率的な制作ワークフローを実現する上では欠かせないものです。

　アートボードは、印刷や書き出しが可能なアートワークを含む領域です。アートボードの範囲でグラフィックをトリミングして各種ファイルを書き出したり、アートボード単位で選択したりできます。いってみれば、印刷物のページ単位のような振る舞いをするものと考えていいでしょう 図11 。

図11 ドキュメント内でオブジェクトを描画できるエリア全体を［ペーストボード］、印刷／書き出しのためのトリミングエリアを［アートボード］と呼ぶ

　ドキュメント内では、任意の位置にアートボードをいくつも配置することができます（1～最大100個まで）。そのため、1つのファイル内で複数の画面を並べておき、各アートボードを基準に作業を進められます。また、アートボードどうしは重ねて配置することも可能です。

　複数のアートボードを活用すると、1つのWebサイトやアプリ内の複数画面のデザインを並べて作業することが可能です。そうすることでヘッダーなどの共通したパーツをまとめて管理でき、調整する際にもまとめて対応できるので、とても効率的です 図12 。Chapter 3では、アートボードを活用して複数画面を並べたUIデザインのワークフローについても解説します。

図12 複数画面を並行して作業できるので、レイアウトの見比べはもちろん、色や共通パーツの管理も簡単

アートボードの「外」も便利

　また、Illustratorはアートボードの外側の領域にも特徴があります。アートボードの外側を含めたドキュメント全体の領域を「ペーストボード」といいますが、アートボード上と同じように、オブジェクトを配置したり作業したりすることが可能です。デザインとして必要な要素ではないもの、例えば申し送りや覚え書きのメモを添えたり、作業途中で発生したバリエーションをとりあえず退避させておいたりもでき、意外と重宝する場面があります 図13 。

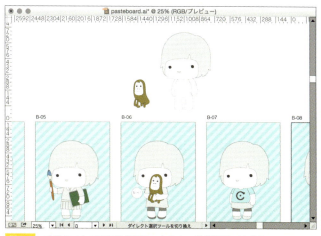

図13 デザインとしては直接必要ないものの、覚え書きしておきたいメモやいったん取っておきたいグラフィックを退避させておくのにとても便利だ

アピアランスによる装飾ができる

アピアランスは、オブジェクトの基本構造を変更することなく、外観にのみ作用してさまざまな表現を実現できる属性です。塗り、線、透明度および効果を設定でき、多彩なビジュアルを生み出します。Illustratorでのグラフィックデザインで外すことの考えられないとても重要な機能で、アピアランスを上手に活用することで、直しにも強いデザインワークを実現できます。

1つのオブジェクトやグループ、レイヤーに対して、アピアランス属性は複数設定できます。例えば文字の装飾や罫線を重ねたボックスなど、Photoshopなどであれば別々にレイヤーなどを重ねなければ実現できない表現も、1つのオブジェクトをもとにして表現することが可能です。1つのオブジェクトで済むということは、テキストや形状に変更が入った場合でも、1カ所を修正すれば済むのがうれしいところです 図14 。

図14 テキストオブジェクトにアピアランスのみで装飾したボタン表現の例。あとからテキストを変更しても囲みが自動で追従するため、囲み部分を別途サイズ調整する手間が発生しない（P.99参照）

また、それぞれのアピアランス属性は独立して追加や編集、削除が可能です。それぞれのアピアランス属性に手を加えても、元のオブジェクト自体や、操作した以外のアピアランス属性には影響を与えません。

アピアランス属性はオブジェクトごとに都度設定していくことも可能ですが、[スポイトツール]を利用すれば、他のオブジェクトからの流用も容易に行えます。また、頻繁に使うアピアランス属性（のセット）は［グラフィックスタイル］として登録して使いまわすことも可能です 図15 。

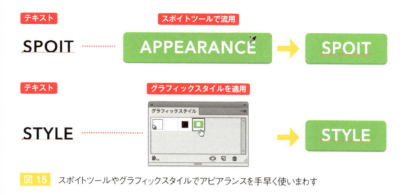

図15　スポイトツールやグラフィックスタイルでアピアランスを手早く使いまわす

色の管理がしやすい

　Illustratorはスウォッチやカラーガイドといった、色を管理するための機能も充実しています。

スウォッチ

　［スウォッチ］パネルは色（またはグラデーションやパターン）の情報を保存しておける絵の具のパレットのようなものです。ドキュメント内でよく利用する色の情報を保存しておけば、その色を簡単にオブジェクトに適用できるようになります。

- **グローバルカラーの利点**

　［スウォッチ］は色の情報に付随して名前などのいくつかの設定ができますが、その中でも「グローバルカラー」というオプションは知っておいて損はない設定です。

　グローバルカラーを利用するには、各スウォッチをダブルクリックすると表示される［スウォッチオプション］ダイアログで、［グローバル］の項目にチェック

マークを付けておきます。グローバルカラーに指定されているスウォッチの色情報を更新すると、ドキュメント内でそのスウォッチで色指定した箇所がすべて自動的に更新されます。色を変更するたびに対象になる箇所を選択して指定し直す必要がありません 図16 。

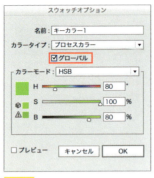

図16　グローバルカラーの作成

デザインワークを進めていく間に発生した色変更や、同じデザインでカラーバリエーションを作りたいときなどに一気に変更できます。

カラーガイド

カラーガイドは色選択のお助け機能です。選択中の色と調和する色の組み合わせや、そのバリエーションを提案してくれます。キーカラーに合わせて配色を検討したいときなどに活用するといいでしょう[3]。

> ヒント[3]
> カラーガイドを利用するには、［ウィンドウ］メニューの［カラーガイド］をクリックして［カラーガイド］パネルを表示します。

オブジェクトが管理しやすい

Illustratorはオブジェクトを構成単位としてグラフィックが成り立っているため、パーツの細やかな調整や管理がしやすいソフトです。前述の「数値で管理できる」でご紹介したように、すべてのオブジェクトに数値情報が伴うため、整列なども簡単に行えます。

その他にも、次に触れるシンボルやグラフィックスタイルなど、オブジェクトとその設定を一元管理するための機能も充実しているため、デザインデータの管理を整然と行える気持ちよさがあります。

シンボルを使いまわせる

　Illustratorには「シンボル」という機能もあります。頻繁に使用するグラフィックをシンボルとして定義しておけば、便利に扱うことができます。

データサイズの節約

　シンボル化したオブジェクトは、「インスタンス」としてドキュメント上にいくつでも配置できます 図17 。インスタンスをたくさん配置しても元は同じシンボルの情報に由来するため、通常のオブジェクトをコピー＆ペーストして複数配置した場合より、データサイズが抑えられるのもメリットです（P.66参照）。

図17　［シンボル］パネルからドラッグして配置したオブジェクトは、「インスタンス」と呼ばれる

変更が容易

　シンボルの内容を編集したり再定義したりすると、ドキュメント上に配置したそのシンボルのインスタンスも一緒に更新されます。あとから変更が発生した場合にも、シンボルの編集のみで一度に対応できるため、修正時の手間を軽減できます。また、インスタンスを別途作成しておいた他のシンボルに置換することも可能です。

デジタルデバイスにうれしい「9スライス」

　シンボルには「9スライス」という機能があります。通常はオブジェクトを拡大・縮小するとそのグラフィック全体が伸び縮みしてしまいますが、「9スライスの拡大・縮小用ガイドを有効にする」を有効にしているシンボルでは、四隅の形状を保ちながら伸縮させることが可能です 図18 図19 。

図18 [シンボルオプション]の設定で、9スライスの使用について設定できる

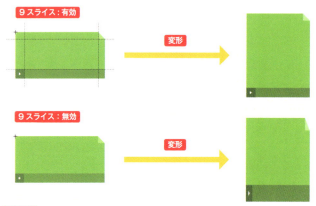

図19 9スライスオプションを有効にしていると、シンボル編集時に拡大・縮小用ガイドが表示され、境界線を調整できる。境界線で設定した四隅のセクションは、シンボルを拡大・縮小しても形状が保たれそれ以外の箇所のみが伸縮する

　デジタルデバイス向けのデザインでは、9スライス機能が活用できる場面は少なくありません。テキスト量に合わせてボックスを伸縮させたり、各種デバイスの画面幅に合わせて伸縮したりするパーツを表現するのに重宝します（P.89参照）。

複合シェイプで容易に再編集できる

　複雑な形状のグラフィックをデザインする際には、円形やその他の矩形など、さまざまな形状のパーツを合体させて1つの矩形を作成することも少なくないでしょう。Illustratorでももちろんこういった操作は可能ですが、さらに便利に扱うための「複合シェイプ」というものがあります。
　複合シェイプは複数のオブジェクトを疑似的に結合させて、1つのオブジェク

トと同じように扱うことができます。そして、結合前のそれぞれの矩形の形状を破壊せず、重なり順、シェイプ、位置、およびアピアランスなども保持されます。また、それぞれを個別に編集することも可能なため、あとから形状を調整することも容易に行えます 図20 。

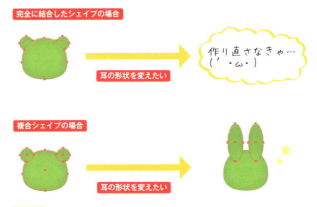

図20 拡張してパスが結合してしまっていると、修正内容によっては一から作り直す羽目になることも……

複合シェイプの詳しい挙動や活用方法は、「ピクトグラムデザインのワークフロー」でも解説しているので、ぜひ参考にして使いこなしてください（P.50参照）。

合成フォントでフォントを自在に組み合わせられる

「合成フォント」という機能は、欧文や和文、約物、数字ごとに好きなフォントを割り振ったセットを作成し、1種類のフォントと同じようテキストに適用して扱えるものです 図21 。

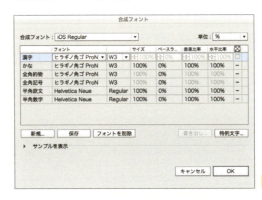

図21 合成フォントの設定画面

例えばiOS用のUIやWebデザイン用に、和文には「ヒラギノ角ゴ ProN W3」、欧文は「Helvetica Neue Regular」と割り振ったセット「iOS Regular」を作り、保存しておきます。これを和文と欧文が混ざったテキストに適用させると、まとめて切り替わります（P.39参照）。

　作成した合成フォントは、通常のフォントと同じように指定できます。デバイステキスト用の他にも、アイキャッチ部分などの画像化する前提でデザインするテキストの混植にも便利です。合成フォントにしてセットしておけば、更新や修正のためにテキストを入力し直しても、うっかりフォント指定が変わってしまってあとから苦い思いをするのを回避できます図22。

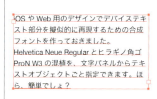 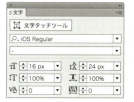

図22　合成フォントは［文字］パネルなどから、通常のフォントと同じように指定できる

　合成フォントの機能がないグラフィックソフトであれば、対象になるテキストをそれぞれ都度選択してフォントを変更していかなければなりません。テキストを扱うのがほんの一部であれば、地道に対応してもまだなんとかなりますが、適用箇所が多い場合にはそれだけで気の遠くなる作業です。また、あとからテキストの変更が発生した場合にも手間が少ないです。万が一別の人が修正を加えることになった場合も、文字種類ごとのフォントの設定について確認することなく取り扱えるのは、ミスを防ぐ上でも一役買えることでしょう。

　ここで紹介したIllustratorの特徴はほんの一部にすぎません。効率化のための機能やデザインワークを充実させるためのTipsはまだまだまだまだたくさんありますが、本書ではまず、Webデザインで特に重要になるポイントに絞って紹介しました。これらのさらに詳しい活用方法については、Chapter 3で具体的なプロジェクトのワークフロー例に沿って解説します。

制作準備と
気を付けるポイント

Illustratorでデザイン作業に取り掛かる前に、しっかりと下準備作業をしておくことで、デザイン作業をスムーズに開始できるようになります。この章では、そのための手順やベクターデータならではの作法、押さえておきたいポイントなどを解説していきます。

Chapter 2

2-1 制作準備

Illustratorでデザイン制作に取り掛かる前に、あらかじめいくつかの設定を済ませておくと、よりスムーズに作業を進めることができます。さらに設定済みのテンプレートを作成しておいて、そこから新たな作業を開始すれば、最初の下準備作業を軽減することができます。

各種設定を行う（環境設定）

表示をピクセルプレビューにする

　Webやデバイス向けの作業を開始したい場合は必ずピクセル単位で進める必要があります。しかし、ベクターツールのIllustratorは、Photoshopと違って基本的にはピクセルという概念はありません。その代わりに用意されているのが、ピクセルプレビューという機能です。ピクセルプレビューを有効にすると、拡大した際にレンダリング後のピクセルを確認しながら作業できるようになります 図1 。

図1　［表示］メニューの［ピクセルプレビュー］をクリックしてチェックマークを付ける

　ドキュメントのタブには、カラーモード（RGBかCMYK）とプレビューのモードが表示されているので、現状の設定がどうなっているかを簡単に確認できます。うっかり無効にしたまま作業しないよう、こまめに確認することをおすすめします。基本的にはピクセルプレビューにチェックマークを付けたままで作業を進めていけば問題ありません 図2 。

図2　ピクセルプレビューとプレビュー

環境設定の単位を px にする

　[ファイル]メニューの[新規…]をクリックして新規ドキュメントを作成する際に、プロファイルからWebやデバイスを選択すると、単位はピクセルになります。ただし、これですべての単位がピクセルになるわけではなく、環境設定の単位の「一般」だけに反映されます。

　一般、線、文字、東アジア言語のオプションのすべてを「ピクセル」にしましょう 図3 。

図3　環境設定の[単位]タブ

　環境設定の[一般]タブの[キー入力]では、カーソルキーによる移動量を設定できます 図4 。

図4　環境設定の[一般]タブ

ピクセルプレビュー時には［キー入力］に1px以下の値を設定しても1px単位の増減になりますが、0.5pxにすると shift キーとカーソルキーでオブジェクトを移動する際に10pxではなく、5pxずつ移動させることができます 図5 。また、通常のプレビュー時には0.5pxずつ移動できるので、アンカーポイントの微調整に役立ちます。

図5　shift ＋カーソルキーでの移動距離

- **［一般］タブの［プレビュー境界を使用］**

［プレビュー境界を使用］にチェックマークを付けると、オブジェクトのパスのサイズではなく、画面上にプレビューされている領域でオブジェクトの数値を表示します。線幅の太さによって、［変形］パネルの幅や高さの値が変化するので注意が必要です 図6 。

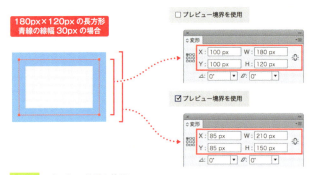

図6　プレビュー境界を使用

特に効果のドロップシャドウなどを使用すると正方形のサイズがわからなくなる上、中心もずれてしまいます 図7 。デザインをする際は基本的にチェックマークを外しておくことをおすすめします。

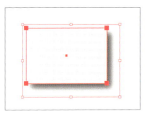

図7　プレビュー境界でドロップシャドウを適用した場合

- **［テキスト］タブの［サイズ／行送り］**

［サイズ／行送り］も忘れずに「1px」にしましょう 図8 。

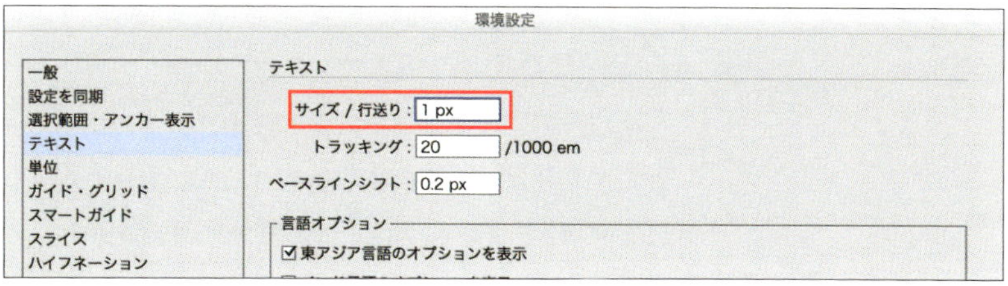

図8　［テキスト］タブの［サイズ／行送り］

　これらの設定はIllustrator全体に適用されることになるので、CMYKでミリ単位で作る印刷物とWebのデザインを交互に扱う場合は、その都度変更する必要があります。本当はドキュメントごとに設定を保存してくれるといいのですが……。

ドキュメントを整理する

新規ドキュメント作成

　［ファイル］メニューの［新規...］をクリックして、新規ドキュメントウィンドウを開きます。Webデザインをする際は、通常は［プロファイル：］から［Web］を選択します。サイズを好みの大きさに変更し、［新規オブジェクトをピクセルグリッドに整合］[*1]のチェックマークを外して、［OK］をクリックしましょう 図9 。

ヒント*1

ピクセルグリッドは図形をピクセルに合わせる機能ですが、かえってずれの原因になることがあります。

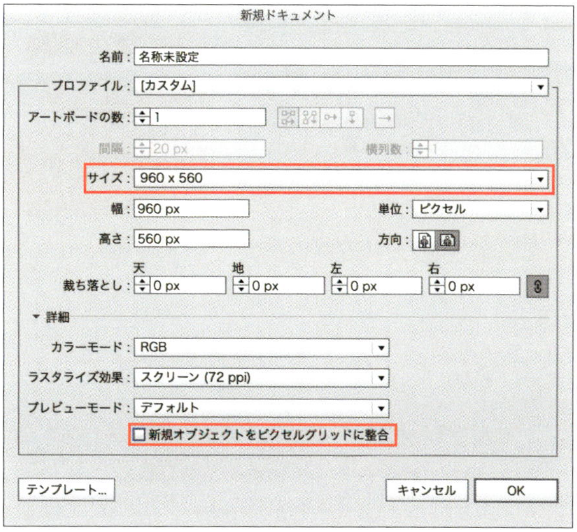

図9　新規ドキュメント作成時は、Web用のプロファイルとサイズを選び、［新規オブジェクトをピクセルグリッドに整合］のチェックマークを外す

スウォッチ

　初期状態のスウォッチにはあらかじめ多くのカラーやパターンが登録されていますが、役立つことが少ないので、[スウォッチ]パネルのメニューの[未使用項目を選択]をクリックし、ゴミ箱アイコンをクリックして削除してしまいましょう 図10 。

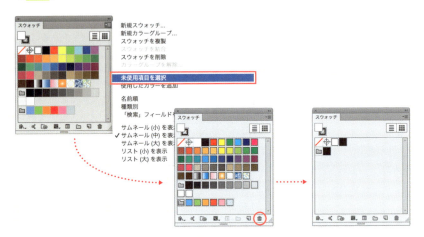

図10　初期のスウォッチ

　ちなみに筆者（三階ラボ）では 図11 のようにグレースケールのスウォッチばかりを登録しています。デザインするものによって使う色は千差万別ですし、色を登録してあるとついついそこから選んでしまいがちになるので、あらかじめ登録するのは避けています。

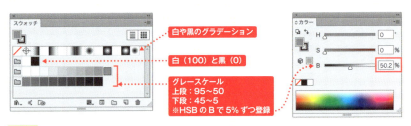

図11　三階ラボの初期のスウォッチ

グラフィックスタイル

　初期状態のグラフィックスタイルもスウォッチと同様、そのまま生かすことはないので、削除してしまいましょう 図12 。

図12 初期のグラフィックスタイル

　三階ラボでは基本的にそのドキュメントごとに新たに登録することが多いのですが、オブジェクトに光彩（内側）やドロップシャドウの効果を色違いで簡単に追加できるように、4つのグラフィックスタイルをあらかじめ用意しています 図13 。選択オブジェクトに適用する場合、サムネイルをクリックするとアピアランスが入れ替わりますが、option（Windowsでは Alt）キーを押しながらクリックすると現状のアピアランスに追加できます。

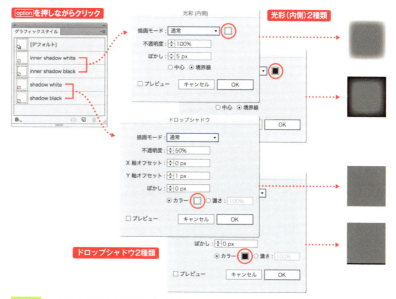

図13 三階ラボの初期のグラフィックスタイル

シンボル、ブラシ

　シンボル、ブラシも初期状態で入っているものはすべて削除しましょう。

レイヤー

レイヤーは細かく分けず、大雑把に「comments」「objects」「base」「artboards」の4つくらいにしています 図14 。

表1 レイヤーの分け方

レイヤー名	配置するオブジェクトの種類
comments	注意書き用(書き出し時に表示をオン／オフする)
objects	さまざまなオブジェクトを雑多に
base	背景画像やウィンドウの枠など
artboards	アートボード管理用

図14　4つのレイヤー

「objects」にデザイン要素のほとんどを置いていて、レイヤーを細かく分けてデザイン要素のグループを管理することはありません。

Photoshopではレイヤーグループで細かくレイヤーをグループ化＆管理をすることが多いのですが、Illustratorでは1つのレイヤーにグループ化したオブジェクト群が雑多に置いてあるだけで十分だと感じています。

また作業中は「base」レイヤーと「artboards」レイヤーをロックして進めています。

アートボードを整理する

アートボードを追加・編集する

アートボードを追加する方法は2つあります[*2]。

❶ アートボードツールを選択してアートボード編集モードに切り替え、複製したいアートボードを option (Windowsでは Alt)キーを押しながらドラッグする。

ヒント*2

ドキュメントの新規作成時にアートボードの数を設定することも可能ですが、あまり使い勝手がよくないのであとから追加したほうがいいでしょう。

❷長方形ツールで長方形を描き、[オブジェクト]メニューの[アートボード]-[アートボードに変換]をクリックする。

おすすめは❷のアートボードに変換する方法です。先ほどのレイヤーの解説で「artboards」という名前のレイヤーを作成していると説明しました。このレイヤーにアートボードと同じサイズの長方形を配置しておきます。

三階ラボでは、その長方形と左上に置いた大きめのテキストをグループ化し、テキストにはアートボード名を記しています。これは[表示]メニューの[すべてのアートボードを全体表示]をクリックして縮小表示した際に、[アートボード]パネルに頼らずに確認できるようにするためです。

それではアートボードを増やしていきましょう。

❶「artboards」レイヤーにあるグループを選択し、移動ツールのダイアログボックスで切りのいい数値にしてコピーします 図15 。等間隔などにこだわらず、覚えやすい数値にすると便利です（P.85参照）。必要に応じて「変形の繰り返し」で複数コピーします。

図15　アートボードのもとになるグループを複製する

❷複製した長方形を選んで[オブジェクト]メニューの[アートボード]-[アートボードに変換]をクリックします。

❸[アートボード]パネル*3でアートボード名をテキストと同じにします 図16 。

ヒント*3
アートボード名を変更するには、[ウィンドウ]メニューの[アートボード]をクリックして[アートボード]パネルを表示し、アートボード名をダブルクリックします。

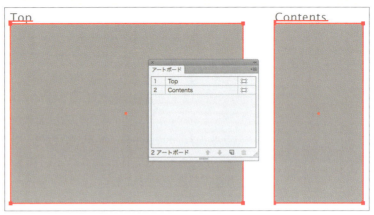

図16 左上のテキストと同じアートボード名にする

定規とアートボードオプション

　［表示］メニューの［定規］-［定規を表示］をクリックして、ドキュメント上に定規（ルーラー）を表示することができます。

　さらに同じメニューの［アートボード定規に変更］をクリックしてチェックマークを付けると、どのアートボードに切り替えてもアートボードの左上が０基準になります。この設定は一度有効にするとすべてのドキュメントに適用されます。

　定規を表示した状態で、ツールパネルからアートボードツールを選んでアートボード編集モードに移行します。アートボード編集モードでは、アートボード定規ではなくグローバル定規で表示されます。

　return（Windowsでは Enter）キーを押すと［アートボードオプション］ダイアログボックスが表示されるので、ここでアートボードのXとYの座標を確認します。このXとYの座標が必ず整数になるようにしましょう 図17 。ここに小数点が入ったドキュメントでそのまま作業を進めると、まれに予期せぬ小数点に苦しめられることがあります。

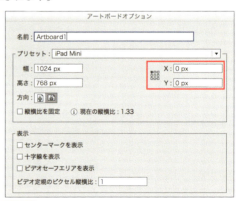

図17 ［アートボードオプション］ダイアログボックス

合成フォントを作成する

合成フォントとは

　合成フォントとは、日本語フォントの文字と欧文フォントの文字を組み合わせて、1つのフォントとして扱えるようにする機能です 図18 。作成した合成フォントはフォントリストの一番上に表示されます。

図 18　合成フォントの例

作り方

❶［書式］メニューの［合成フォント...］をクリックして、［合成フォント］ダイアログボックスを表示します 図19 。

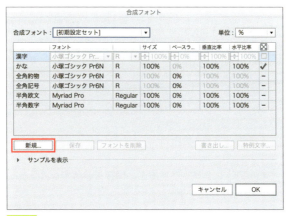

図 19　合成フォントダイアログ

❷［新規...］をクリックして、合成フォント名になる［名前］を入力します 図20 。名前には日本語名は使わず、英数字のみにしたほうが無難です。ここではiOSの標準フォントを作成してみます。

図20　合成フォントの新規作成

❸ [漢字] [かな] [全角約物] [全角記号] [半角欧文] [半角数字] それぞれの文字種に、フォントやサイズなどを指定していきます。

　iOSの場合、日本語は「ヒラギノ角ゴ Pro W3、」、欧文は「Helvetica」を使用しているようなので、合成フォントで再現してみます。Mac OS X も Yosemiteから欧文が「Helvetica」に変更されたので、Mac版のUIをデザインする際もこの合成フォントを利用しています 図21 。

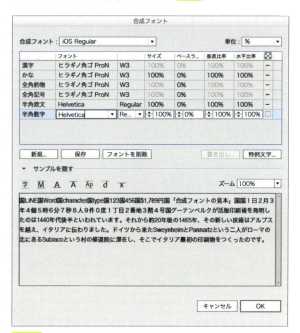

図21　iOS用合成フォント

❹ [OK] をクリックすると、保存を確認するアラートが表示されるので [はい] をクリックします 図22 。

図22　合成フォントの保存を確認するアラート

❺ 同じ要領で「iOS Light」と「iOS Bold」も作成します。

❻ [書式]メニューの[フォント]や[文字]パネルのフォントリストの一番上に3つの合成フォントが追加されました。[文字]パネルでは「ios」と文字を入力すると候補を絞り込んでくれるのでより簡単にフォントを変更することができます 図23 。

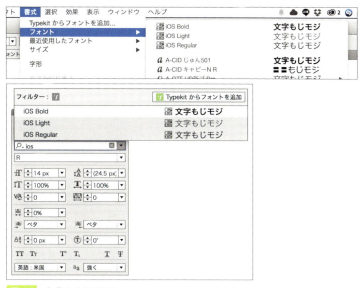

図23　合成フォントのリスト

　この他にもCSSのfont-familyを指定する要領で、「ＭＳ Ｐ明朝」や「メイリオ」などを指定した合成フォントを作成しておくと、Illustrator上である程度の確認ができるようになります。

テンプレートとして保存する

ここまで作成したデータをテンプレートとして保存

　P.34～40で解説した方法で整理したドキュメントは毎回設定するのは大変なので、テンプレートとして保存して、次回からはテンプレートから新規ドキュメントを作成することを強くおすすめします。

❶ [ファイル]メニューの[テンプレートとして保存...]をクリックします。

❷ [別名で保存]ダイアログボックスが表示されるので、名前を入力して、[ファ

イル形式：Illustrator Template (ait)]になっているのを確認し、[保存]をクリックします図24。

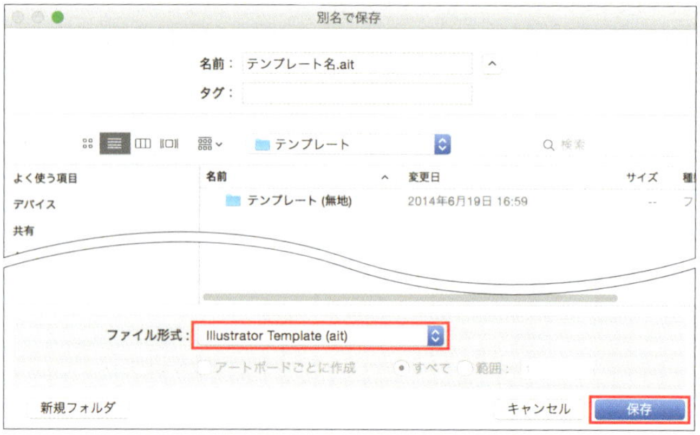

図24 テンプレートとして保存

保存先はあらかじめ用意されている「テンプレート」フォルダが選択されています。この場所はMac OS Xの場合、「アプリケーション/Adobe Illustrator（バージョン）/Cool Extras/ja_JP/テンプレート」になります図25[*4]。

> ヒント[*4]
>
> Windows版では「C:¥Program Files¥Adobe¥Adobe Illustrator（バージョン）¥Cool Extras¥ja_JP¥テンプレート¥」になります。

図25 テンプレートの保存先

テンプレートを利用するには、[ファイル]メニューの[テンプレートから新規...]をクリックします。一度自分好みのテンプレートを作ったら、[ファイル]メニューの[新規...]をクリックする機会はほとんどなくなるはずです。テンプレートは作業をはじめるための大事なファイルになるので、バックアップはしっかり取るように心がけてください。

RGB用とCMYK用だけでも用意しよう

たくさんのテンプレートを1つ1つ作るのはそれなりに手間がかかります。そこで例えばWebデザインやUIデザイン向けに「RGB用でアートボードは1024×768px」、印刷向けに「CMYK用でアートボードはA4サイズ（297×210mm）」の2つだけでも用意しましょう図26。これらのテンプレートから新規ドキュメントを作成した際に、まずアートボードを調整するようにすれば問題ありません。

図26 2つのテンプレートを用意する

その他の便利なテンプレート

シンプルなアートボードを置いてあるだけのテンプレートは汎用性が高く便利ですが、すでに決まった目的のものをデザインする際は後々必要な要素が足りなかったりします。図27は実際に業務で使っているテンプレートです。提出時に必要なフッターを追加したり、ガイドとなる枠を書き込んだりします。

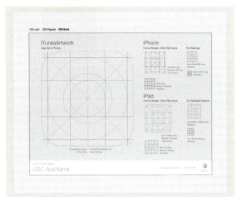

図27 三階ラボで使用しているテンプレート

これらのテンプレートは常日頃アップデートしていて、社内でも常に最新のテンプレートを使用できるように共有しています。こういった自分たちにとって使いやすいテンプレートを用意しておくことで、「最初の下準備の工数」を大きく減らすことができるでしょう。

2-2 作業中に気を付けること

Illustratorでピクセル単位のデザインを行う場合、ベクターならではの作法や、Illustrator特有の癖など、気を付けたほうがいいポイントがいくつかあります。これらのポイントをしっかり押さえることで、余計な調整作業や、素材を受け取ったコーダーやプログラマーの負担が減ることにもなります。

数値とピクセル

　ピクセル単位で作業を行う際、オブジェクトの座標やサイズの数値に注意する必要があります。数値に無駄な小数が入ってしまうと、意図しないアンチエイリアスが発生してしまいます 図28 。

図28　数値に小数が入ってしまった例

　作業をしながら、常に[変形]パネルや[情報]パネルで、オブジェクトの座標やサイズを確認するようにしましょう。意図的な箇所は除きますが、数値を整数にする心がけが必要になります。なお、ピクセルプレビュー表示（P.30参照）で作業することで、無駄な小数が発生しづらくなります。

ガイド

　オブジェクトの整列や画面サイズの目安としてよく使われるガイド機能には、

選択したオブジェクトをガイド化する「ガイドオブジェクト」と、垂直または水平の直線の「定規のガイド」の2つが存在します。「定規のガイド」にはちょっとした不具合があり、オブジェクトをガイドにスナップさせた場合、スナップさせた座標ではない座標（X軸をスナップさせた場合はY座標、Y軸をスナップさせた場合はX座標）に意図しない小数が入ってしまいます 図29 。

そこでここでは、「定規のガイド」の代替として、**ガイド代わりのオブジェクトを配置したレイヤーを用意し、レイヤー自体をロックしておく**、という方法を紹介します。この方法でポイントとなるのが、[表示]メニューの[スマートガイド]です。スマートガイドは、選択したオブジェクトをさまざまな方法でスナップしてくれます。ロックしているオブジェクトにもスナップしてくれるという利点もあります 図30 。

図29　定規のガイドにスナップさせた例

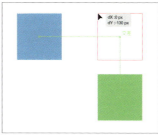

図30　スマートガイドの表示

スマートガイドは、Illustratorのバージョンによってはピクセルプレビュー表示のときに使用できないことがあるようです。その場合は、常にスマートガイドをオンにしておきましょう。そうすることで、ふだんの作業は「ピクセルプレビュー表示」で、スナップさせたいときだけ「プレビュー表示」に切り替える、という使い分けができるようになります。

これ以外にも、アートボードの外にガイド代わりのオブジェクトを配置しておき、必要なときに整列パネルで整列する方法もあります 図31 。

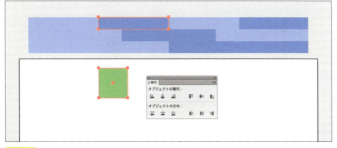

図31　アートボード外のオブジェクトと整列

アートボード

　アートボード自体の座標に小数が入ってしまうと、配置しているすべてのオブジェクトの座標に小数が入ってしまいます。オブジェクトを整数で作っているのに意図しないアンチエイリアスが消えない場合は、アートボードの座標を疑いましょう図32。

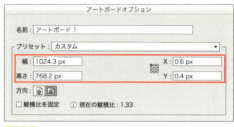

図32　アートボードの座標に小数が入ってしまった例

定規

　定規の原点自体に小数が入る恐れがあるため、**定規をカーソルのドラッグ＆ドロップで調整してはいけません**。定規の基準点に小数が入ってしまうと、ドキュメント上のすべてのオブジェクトの座標が狂ってしまいます。オブジェクトの座標をいくら整数に調整したとしても、意図しないアンチエイリアスが発生してしまいます図33。

図33　整数なのにアンチエイリアスが掛かっている

アンカーポイント

　オブジェクトを描く際、アンカーポイントの位置にも気を付けましょう。可能な限り、オブジェクトの一番左、一番上、一番右、一番下それぞれに、ハンドルが垂直・水平なアンカーポイントが存在することが望ましいです図34。

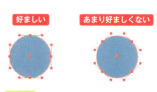

図34　アンカーポイントの例

あとからの座標やサイズの調整や、アンカーポイント同士のスナップなどの作業が楽になります。

線

基本的にIllustratorは線をアウトラインの中心に描きます。1pxの黒い線を描いた場合、アウトラインの左に0.5px、右に0.5pxの線を追加するため、実際には2pxのグレー（アンチエイリアスのかかった状態）で表示されます。そのため、幅20px、高さ20pxの矩形オブジェクトに1pxの線を適用した場合、実際には、線幅のアンチエイリアスを含めた幅22px、高さ22pxの矩形で描画されてしまいます 図35 。

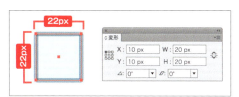

図35 　線幅でサイズが大きくなってしまった矩形オブジェクト

この増えてしまった2pxを調整するために元のオブジェクトを変形させてしまうと、あとから線幅を変えたり、位置を調整するたびに元オブジェクトのサイズを変更したりしなければなりません。この場合は、［線］パネルの［線の位置］から［線を内側に揃える］を選択するか 図36 、［効果］メニューの［パス］-［パスのオフセット］をクリックして、線幅の半分の負の数値を入力しましょう 図37 。

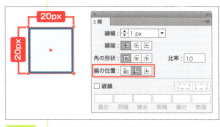

図36 　［線を内側に揃える］を指定した例

図37 　パスのオフセット効果を適用した例

ただし、直線や弧などの「閉じていないパス」の場合、［線］パネル内の［線の位置］や［パスのオフセット］効果で調整することができません 図38 。

その場合は、［効果］メニューの［パスの変形］-［変形...］をクリックし、線幅

の半分の数値を入力して移動させましょう 図39。

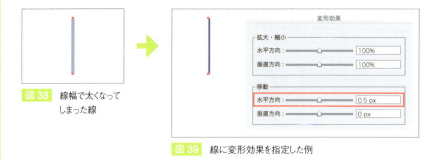

図 38 線幅で太くなってしまった線

図 39 線に変形効果を指定した例

線幅と効果を拡大・縮小

　［変形］パネルにある、［線幅と効果を拡大・縮小］チェックボックスには注意する必要があります。チェックマークが付いたままサイズの微調整を行うと、効果や線自体のサイズも変更されてしまいます。常にチェックマークの状態を気にするようにしましょう 図40。

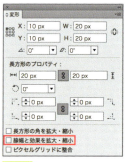

図 40 線幅と効果を拡大・縮小

隠す

　Illustratorには、選択したオブジェクトを非表示にする［隠す］機能があります。一時的に使うのであれば便利な機能なのですが、隠したことを忘れたまま作業を進めてしまい、あとになって必要なオブジェクトなのかどうかを判断できなくなる恐れがあるので、取り扱いには気を付けてください。

修正に強いIllustrator デザインワークフロー

Webやアプリのデザインを行う際に、あとからデザインやコンテンツの変更や修正・調整する作業が発生することがあります。この章では、変更や修正・調整に強いオブジェクトの作り方を、ワークフローに沿って解説していきます。

Chapter 3

3-1 ピクトグラムデザインのワークフロー

デザイン作業を行う際に、表示するデバイスや全体のデザインテイストに合わせるために、一度作ったアイテムをあとから微調整することは少なくありません。デバイスの変更に合わせるためにアイテムを150%拡大したり、かわいらしいテイストに寄せるために角の丸みを強めたり、ラインを細くしてクール寄りなテイストにしたり……。また、いろいろな箇所で使用している同一のアイテムを、あとから全部調整しなければならないこともあります。アイコンやロゴマーク、ボタン、キャッチなどに使われる、装飾の少ないシンプルなピクトグラムを例にして、あとから調整や流用がしやすい作り方を紹介します。

効率よくパーツを組み立てる機能

　ピクトグラムを作成する際、[ペンツール] でトレースするようにパスを描いたり、アピアランスを分割・拡張したりしてしまうと、あとから調整することが難しくなってしまいます 図1 。

図1　トレースしたりアピアランスを分解したりしてしまった例

　トレースするように描くのではなく、シンプルな形状の「パーツを組み立てる」描き方にすることで、あとからの調整が圧倒的に楽になります 図2 。

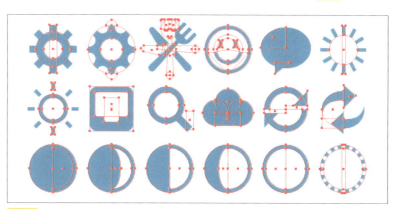

図2　組み立てて作成した例

　具体的な作り方を説明する前に、パーツを組み立てるときに役立つ便利な機能を紹介しておきましょう。

[変形] 効果

　[効果] メニューには、元オブジェクトの形状を維持したまま、さまざまな効果を与える機能が何種類も用意されています。中でも、パーツを組み立てるときに役立つのが、[変形] 効果です。

　[変形] 効果は、元オブジェクトの形状を維持したまま移動やリサイズ、回転などが行える機能です。[効果] メニューの [パスの変形] - 「変形…」を選択して実行できます。形状や並び方が規則的なものは、この機能を使って疑似的に移動や複製を表現できます。

　特に使用頻度の高い効果は、次に紹介する6つです。

●**移動**

オブジェクトを疑似的に移動して描画します 図3 。

●**回転**

オブジェクトを疑似的に回転して描画します 図4 。

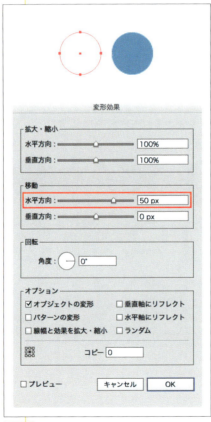

図3　[変形] 効果：移動

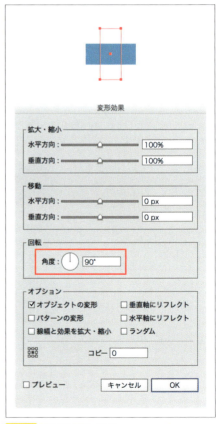

図4　[変形] 効果：回転

● リフレクト

オブジェクトを疑似的に反転して描画します 図5 。

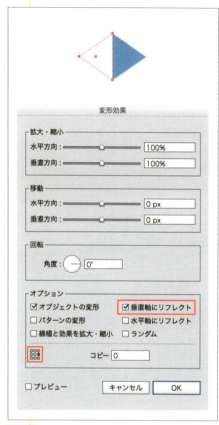

図5 ［変形］効果：リフレクト

● 移動（コピー）

オブジェクトを疑似的に移動＆複製して描画します 図6 。

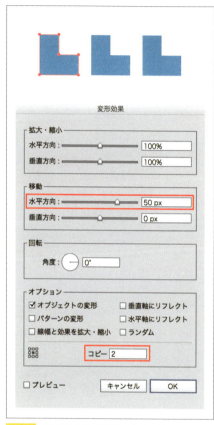

図6 ［変形］効果：移動（コピー）

● 回転（コピー）

オブジェクトを疑似的に回転＆複製して描画します 図7 。

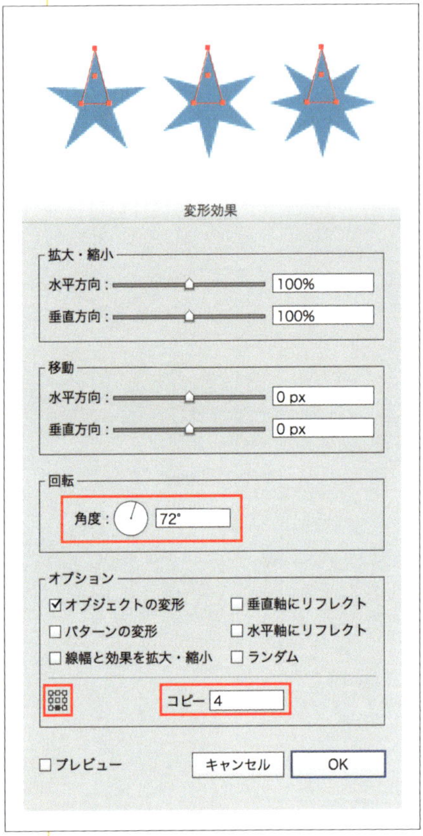

● リフレクト（コピー）

オブジェクトを疑似的に反転＆複製して描画します 図8 。

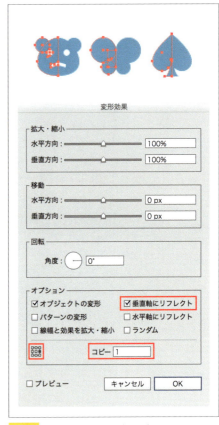

図7　[変形]効果：回転（コピー）

図8　[変形]効果：回転（コピー）

このように、[変形]効果をうまく使えば、1つのパーツを調整するだけで、簡単に表現を変えられるようになります 図9 。

図9　1つのパーツの形状を変えるだけで、いろいろな表現ができる

また、クロスマークのような斜めに傾いた図形も、シンプルな矩形オブジェクトに [変形] 効果を複数追加することで表現することが可能です 図10 。

図10　クロスマーク

[変形] 効果以外にも、[角を丸くする...] や [パスのオフセット...] [ライブコーナー] などの機能を上手に取り入れることで、幅広い表現が可能になります。

[パスファインダー] パネル（形状モード）

[パスファインダー] パネルは、[形状モード] と [パスファインダー] という2種類の機能で分かれています。共に、複数のオブジェクトを組み合わせて結合や分割などが行えます。[パスファインダー] パネルの機能をクリックで実行すると、オブジェクト同士が結合・分割してしまい元に戻せなくなってしまいます。しかし、[形状モード] にある [合体] [前面オブジェクトで型抜き] [交差] [中マド] は、option（Windowsでは Alt）キーを押しながらクリックすることで、複数のオブジェクトを分解せずに結合し、疑似的に1つのオブジェクトとして扱えるようになります。できあがったオブジェクトは **「複合シェイプ」** と呼ばれます。

● 元の図形

視覚的にわかりやすくするため、背面のオブジェクトに緑色の塗りと濃い緑色の線、前面のオブジェクトに青色の塗りと濃い青の線で着色してあります 図11 。

図11　元の図形

● 合体

複数のオブジェクトの形状を合体します。実行後は最前面にあったオブジェクトのアピアランスが適用されます図12。

図12　合体

● 前面オブジェクトで型抜き

複数のオブジェクトのうち、最背面にあるオブジェクトをそれ以外のオブジェクトの形状で型抜きします。実行後は最背面にあったオブジェクトのアピアランスが適用されます図13。

図13　前面オブジェクトで型抜き

● 交差

複数のオブジェクトのうち、すべてのオブジェクトが重なった部分の形状だけを切り出します。実行後は最前面にあったオブジェクトのアピアランスが適用されます図14。

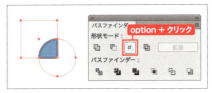

図14　交差

● 中マド

複数のオブジェクトのうち、オブジェクト同士が重なった部分の形状を抜き取ります。実行後は最前面にあったオブジェクトのアピアランスが適用されます図15。

図15　中マド

複合シェイプ化すると、オブジェクト群のパスを組み合わせた「形状」で描かれ、**最前面もしくは最背面のオブジェクトのアピアランスが反映されます**。それ以外のオブジェクトのアピアランスは無視されますが、複合シェイプを解除すれば元に戻すことができます。ただし、効果が適用されているオブジェクトを複合シェイプ化した場合、「形状」に変化を与えない効果は無視されるか正しく描画されないことがあるので気を付けてください。

複合シェイプにするメリットは、疑似的に1つのオブジェクトとして扱えるこ

とです。**1つのオブジェクト＝アピアランスを1つだけ持っている**ということであり、塗りや線の色などを管理しやすくなります 図16 。例えば、スポイトツールで他のオブジェクトからアピアランスを適用したり、同じアピアランスの複合シェイプをまとめて再選択したりすることも可能になります。

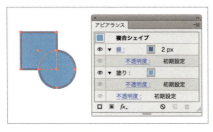

図16　複合シェイプと［アピアランス］パネル

　デメリットとしては、複合シェイプ内のオブジェクトに適用した効果を編集したいときは、一度複合シェイプを解除するか、［レイヤー］パネルから目的のオブジェクトを探さなければならないことです 図17 。

　複合シェイプ化したり、［パスファインダー］パネルメニューから［複合シェイプを解除］を選んだりする操作はアクションに登録できます。そのアクションにショートカットを割り振ってしまえば、一連の操作を容易にすることが可能です 図18 。

図17　［レイヤー］パネル

図18　［アクション］パネル

［パスファインダー］効果

　［パスファインダー］効果は、**「グループ化」した複数のオブジェクト**に対して、［効果］メニューの［パスファインダー］内の項目をクリックすることで、［パスファインダー］パネルと似たような効果を与える機能です 図19 。グループ化していない1つのオブジェクトでも、［変形］効果で形状を変形（コピー）したものには適用することができます。

図19　「追加」は［パスファインダー］パネルの「合体」に相当する

［パスファインダー］パネルにない「切り抜き」の結果は「交差」に似ており、グループ内の最前面にあるオブジェクトの形状で、その他のオブジェクトを切り抜きます。実行後は各オブジェクトのアピアランスでそのまま表示される点が「交差」と異なります 図20 。クリッピングマスクに似た効果ともいえます。

図20　切り抜き

［パスファインダー］効果は、グループ自体に効果を与える機能なので、**グループ内の各オブジェクトのアピアランスに簡単にアクセスできる**というメリットがあります。あとからグループ内のオブジェクトの効果を変更する場合は、ダブルクリックして編集モードに入るか、ダイレクト選択ツールで目的のオブジェクトを選択するだけで、［アピアランス］パネルから設定を変えることができます。複合シェイプではこのような操作はできません 図21 。

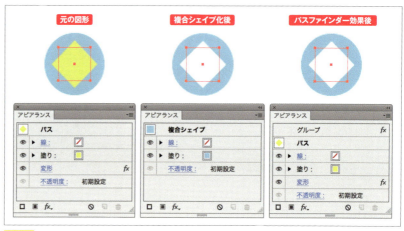

図21　複合シェイプとの違い

ただし、グループ自体に効果を与えているだけなので、グループ内のオブジェクトにそれぞれのアピアランスが残っています。そのため、グループ自体を選択して、スポイトツールでアピアランスを取得すると、グループ自体に1つのアピアランスが適用されてしまいます。また、アピアランスを元にグループを再選択することができません[*1]。

複合シェイプも、［パスファインダー］効果もそれぞれメリットとデメリットがあるので、それぞれの特徴を把握して使い分けましょう。

ヒント*1

他にも、グループ内のオブジェクトに線幅を指定し、さらに他の効果を適用していた場合、正しく表示されないことがあります。ピクトグラムのようなシンプルな形状を描く場合は、線を使用しないほうが安心です。

歯車マークを作る

それでは、これまでに説明したパーツを組み立てる手法で、iOSで使われているような「歯車マーク」を作ってみましょう 図22 。

図22 作成する歯車マーク

外側パーツを組み立てる

まずは歯車の歯の部分と外側の円を組み立てていきます。あとで調整を行うので、座標やサイズの数値が整数であればディテールまで詰める必要はありません。

❶歯車の「歯」にあたる部分となる横長の矩形を描きます 図23 。

図23 横長の矩形を描く

❷横長の矩形を［変形］効果で回転（コピー）します 図24 。

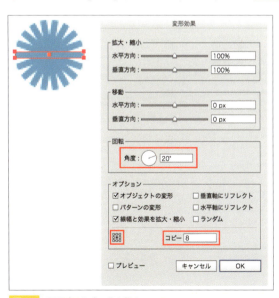

図24 回転（コピー）で歯を描く

❸横長の矩形の中心に、歯車の外側にあたる「円」を描きます。歯と円をグループ化し、［パスファインダー］効果の［追加］を適用します 図25 。

図25　完成した外側のパーツ

内側パーツを組み立てる

歯車の外側の形状が完成したので、続いて歯車の内側のパーツを組み立てます。

❶歯車の内側にあたる、外側の円より小さいサイズの「円」を描きます。さらに、その円の右半分に、歯車の内側の「スポーク」となる横長の矩形を描きます。矩形の左端が円の中央にくるように配置するのがポイントです 図26 。

図26　円とスポークの矩形を描く

❷横長の矩形を［変形］効果で回転（コピー）します 図27 。

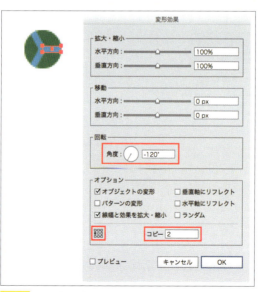

図27　回転（コピー）でスポークを描く

❸ 横長の矩形と円をグループ化し、[パスファインダー] 効果の [前面オブジェクトで型抜き] を適用します 図28 。

図28　完成した内側のパーツ

これで歯車の内側の形状が完成です。

2つのパーツを組み合わせる

今度は、先ほど作成した外側の図形と内側の図形を組み合わせます。

❶ 作成した歯車の外側の図形の上に、内側の図形を中央でそろえて重ねておきます 図29 。

図29　外側の図形と内側の図形を重ねる

❷ 外側の図形と内側の図形をグループ化し、[パスファインダー] 効果の [前面オブジェクトで型抜き] を適用します 図30 。

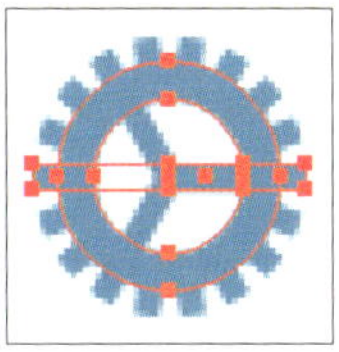

図30　外側の図形と内側の図形で型抜きをする

これで歯車の大まかな図形が完成しました。

微調整する

これまでに作成した大まかな歯車の図形を、完成形に近づけるための微調整を行います。座標やサイズの数値が整数になるように、カーソルキーで移動するか [変形] パネルで数値を変更しましょう。

❶ 最初に描いた、歯にあたる矩形の長辺中央にアンカーポイントを追加し、中心部分を太らせます 図31 。

図31　歯の中央部分を太らせる

❷ 次に、外側の円や内側の円のサイズを［変形］パネルの数値入力で調整します 図32 。

図32　外側の円と内側の円のサイズを調整する

❸ 次に、スポークの太さや長さを調整します 図33 。

図33　スポークの太さや長さを調整する

❹ 最後に、スポークと円が接する部分の角に丸みを持たせていきます。

　まずは内側の図形（グループ）を選択しましょう。ここで［角を丸くする］効果を使ってしまうと、円の弧の部分までが変形してしまいます 図34 。

図34　円に角を丸くする効果を適用した例

　そこで、円や弧が含まれる図形の鋭角な部分だけを丸くする方法を紹介します。まずは、歯車の内側の図形のグループを選択し、［パスのオフセット］効果[※2]で［オフセット］に負の数値を入力し、［角の形状］を［マイター］にして適用します 図35 。

> **ヒント※2**
> ［パスのオフセット］効果を利用するには、［効果］メニューの［パス］-［パスのオフセット...］をクリックします。

図35 ［パスのオフセット］効果で負の数値にする

さらにもう一度［パスのオフセット］効果を適用します。今度は［オフセット］に先ほど入力した負の数値に対応する正の数値を入力し、［角の形状］を［ラウンド］にします 図36 。

図36 ［パスのオフセット］効果で正の数値にする

これで、円の形状が崩れずに角だけが丸くなりました 図37 。

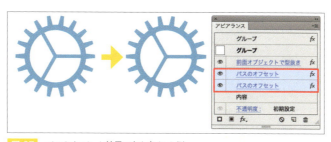

図37 パスのオフセット効果で角を丸くした例

以上、パーツを組み立てる手法を手順を追って解説しました。

シンプルな図形を組み合わせるとこで、ディテールの作り込みが簡単になります。また、あとからのサイズやテイストの変更が発生したとしても、各パーツ単位での調整が可能になります 図38 。

図38 サイズやテイストを調整した例

ピクトグラムの管理と流用

ピクトグラムのようなシンプルなデザインのパーツは、1つのWebデザイン（またはアプリデザイン）の中で、何度も流用されることがあります。ここからは作成したピクトグラムを管理・流用するポイントを紹介していきましょう。

サイズ管理用の透明矩形を追加する

Webサイトのヘッダー部分や、アプリのタブバーなどに、ピクトグラムをボタンとして配置する場合、横方向は等間隔で、縦方向は中央ぞろえにして並べることがあります。このとき、ピクトグラムの図形をそのまま適当に配置してしまうと、視覚的にも構造的にも好ましくありません。通常、[整列]パネルで各ピクトグラムを整列しますが、その際、ピクトグラムの形状や重心によってはバラバラな配置になったり、意図しないアンチエイリアスが入ってしまったりすることがあります 図39 。

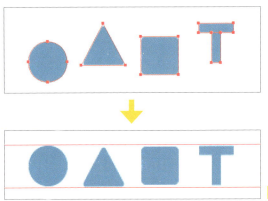

図39　バランスが崩れた整列

このような状況を回避するために、**統一されたサイズの矩形オブジェクトをピクトグラムの背面に配置**しておきます。この背面の矩形オブジェクトには、ピクトグラムと同じ色の塗りを指定しておき、不透明度を0に設定しておきましょう。そして、その矩形オブジェクトとピクトグラムをグループ化します 図40 。

図40　ピクトグラムの背面に透明の矩形を配置

こうすることで、気持ちよく整列できるようになります 図41 。

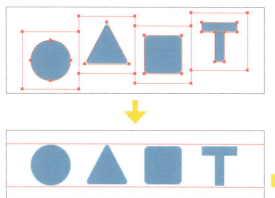

図41 上手に整列されたピクトグラム

また、背面の矩形オブジェクトを**ピクトグラムと同じ色にしておく**ことにより、グループを選択した状態で、ピクトグラムの色の変更が行えるようになります 図42。

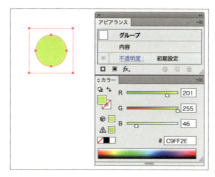

図42 グループを選択した状態で色の変更

この背景の矩形オブジェクトは、ピクトグラムをデザインするときにも役立ちます。不透明度を上げ、背景の矩形オブジェクトがうっすら見える状態でピクトグラムを組み立てていけば、大きさのバランスや、中心感を確認しながら作業ができます 図43。ピクトグラムが完成したら背面の矩形オブジェクトの不透明度を0にするといいでしょう。

図43 背面矩形オブジェクトの不透明度を上げた状態

何度も使用するピクトグラムをシンボル化

ピクトグラムを1つのファイル内で何度も使用する場合があります。そのとき、

グループ化したオブジェクトを複製してしまうと、あとから調整が必要になったときに、すべてのグループを作り直すか、差し替えなければなりません。このような手間を回避するために、頻繁に使いまわすピクトグラムはシンボル化してしまいましょう。シンボル化し使いまわすことで、1つのシンボルを編集するだけで、すべてのシンボルに反映させることができます 図44 。

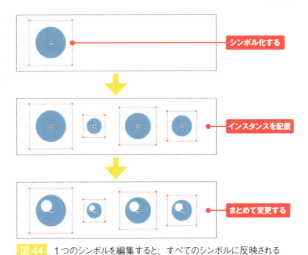

図44 1つのシンボルを編集すると、すべてのシンボルに反映される

● シンボルを作る

オブジェクトをシンボル化するときは、シンボル化したいオブジェクトを選択しておき、[シンボル]パネル[*3]の下部にある[新規シンボル]ボタンをクリックします 図45 。[シンボル]パネルメニューから[新規シンボル...]を選択しても同じです。[シンボルオプション]ダイアログボックスが表示されるので、必要な設定を行っておきます。

図45 [シンボル]パネルの[新規シンボル]ボタン

新規シンボルを作成する操作は頻繁に行うので、アクションに登録してショートカットキーで実行できるようにしておきましょう。

ピクトグラムをシンボル化する場合は、**基準点を中心にしておく**のがおすすめです。シンボル内のピクトグラムのサイズを変更したときに、全体のシンボルの位置調整が楽になります。また、シンボルには見ただけでどのようなピクトグラムなのかが想像できる、わかりやすい名前を付けておきましょう 図46 。

ヒント*3

[シンボル]パネルを表示するには、[ウィンドウ]メニューの[シンボル]をクリックします。

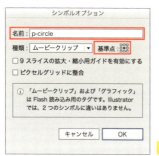

図46 [シンボルオプション]ダイアログボックス

シンボル化したピクトグラムと効果

シンボル化したオブジェクトには、あとからサイズを変えたり効果を適用したりすることもできます。上手に使うことで同じシンボルでも視覚的表現を変えることができます。

- **サイズを変える**

サイズを変えて、いろいろ箇所で使いまわすことができます。

- **ドロップシャドウ効果**

[ドロップシャドウ]を追加します。シンボル内に透明な矩形オブジェクト（P.65参照）があっても影には影響しません。

- **着色する**

シンボルそのものの色を変更するとすべてに反映されてしまいますが、[光彩（内側）]効果を使えば、図47のようにシンボルごとに色を変えることができます。表示上、エッジに微妙な色が残ることがありますが、PNGの書き出し設定画面（P.126参照）で[アンチエイリアス]から「アートに最適（スーパーサンプリング）」を選んで書き出せば、反映されることはありません。作業中でもエッジが気になる場合は、[ラスタライズ]効果[*4]で[アンチエイリアス]を「アートに最適（スーパーサンプリング）」にするといいでしょう。

> **ヒント*4**
>
> [ラスタライズ]効果を設定するには、[効果]メニューの[ラスタライズ]をクリックします。[ラスタライズ]効果については、P.99も参照してください。

図47 シンボルをリサイズしたり、効果でドロップシャドウや着色したりした例

3-1 ピクトグラムデザインのワークフロー

3-2 ロゴデザインの ワークフロー

Webサイトやアプリのデザインにおいて、新サービスの立ち上げの際にロゴ作成も合わせて依頼されることがあります。ここではロゴを作成し、納品するまでの作業フローを解説します。パンフレットなどの紙媒体でも使用されるケースも想定して納品データを準備していきます。

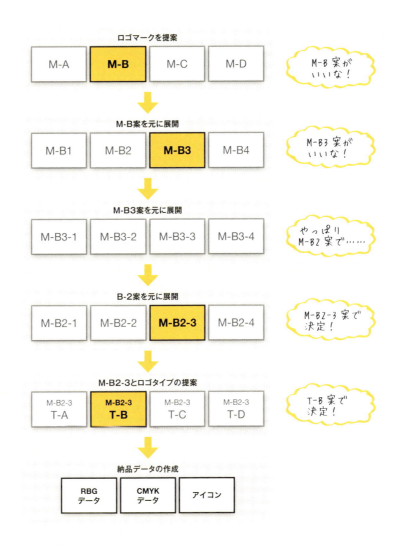

ロゴマーク作成のポイント

ドキュメントのカラーモード

　Webやアプリの場合はモニター表示が前提なので、[ドキュメントのカラーモード]は[RGBカラー]で作業します 図48 。最近ではクライアントへデザイン案を見せるやり取りでも、印刷物ではなく、PNG形式やPDFファイルで見せることが一般的になってきたので、RGBカラーのほうが正しく色を確認してもらうことができます。印刷物用のCMYKカラーのデータが必要な場合でも、ロゴデザインが確定したあとに作成するケースが大半になってきました。

図48 ドキュメントのカラーモードをRGBカラーにする

ロゴデザインの作業フロー

　ロゴデザインの作業は、はじめにロゴマークとロゴタイプを複数案用意し、そのあとクライアントとの意識合わせや要望を伺いつつ、さらにデザインを追加・変更したり、組み合わせのバリエーションを増やすという進め方になることが多いと思います。最終的にボツになってしまった案を含めて、数十案のロゴを提案することもあります。ロゴマークはそのままアイコンとして使用することも想定しておきましょう。ロゴタイプはオリジナルで作成する場合と既製のフォントを使う場合の2通りが考えられますが、既製フォントを使う場合はフォントの利用規約に注意し、商用で利用可能かどうか、あるいは使用料を予算に組み込めるかなどを検討する必要があります。

　ロゴマークとロゴタイプは、同時にデザインして提案するのが一般的でしょう。筆者（三階ラボ）も、**まずロゴマークをある程度固めてから、合わせてロゴタイプを検討する**という手順で進めるパターンが大半です。案件ごとに変わることもありますが、アプリデザインの場合は特にロゴマークに重点が置かれるので、このパターンが多くなります。

アイデアスケッチ

紙にアイデアスケッチをしよう

どんなデザインでもいえることかもしれませんが、いきなりデザイン案をパソコンの前に座って考えるのはおすすめしません。まずは紙にたくさんアイデアスケッチをしましょう。その中で「これは光りそうだな」と思ったものをIllustratorでデザインし直しつつ、バリエーションを増やしたほうが効率が上がります。

図49 はオリジナルで作ったA4サイズのアイデアスケッチシートで描いたものです。三階ラボのサイトでもPDFを配布しているので、興味のある方はダウンロードしてみてください[5]。

> ヒント[5]
>
> ● 3flab inc. | 一般的なアイデアシート
> http://3fl.jp/pp001

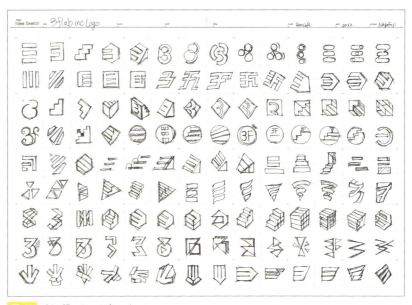

図49 紙に描いたアイデアスケッチ

アイデアスケッチを再現

アイデアスケッチのあと、候補となったロゴのアイデアをIllustratorで再現していきます。RGB用のテンプレート(P.43参照)から新規ドキュメントを作成し、各ロゴ案の大きさやバランスはあまり考えずに、ガシガシと起こしていきましょう。アートボードサイズも変更せず、1024×768pxのまま進めています 図50 。

図50 ロゴのアイデアをIllustratorで再現

　1つのアートボードで足りなくなったら、右側に増やして雑多にロゴ案を埋めていきます 図51 。

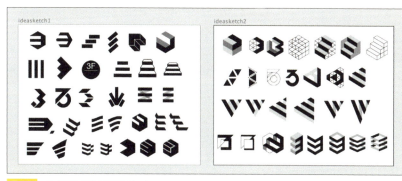

図51 ロゴのアイデアを埋めていく

最初のデザイン案を作る

最初に提案するロゴを整理する

　雑多に作成したロゴ案の中から最初にクライアントに提案するロゴ案を絞り込みます。たくさんのロゴ案が置いてあるアートボードの下に新たにアートボードをいくつか追加します。

一番左下のアートボードは表紙にします。さらに表紙アートボードの左側に、書き出すアートボード番号の範囲やタイトルを大きな文字で追加します 図52 。

図52　最初の提案の表紙

　表紙の左上にタイトルを大きく記しておけば、[すべてのアートボードを全体表示]を実行して縮小表示しても把握しやすくなります。

　また「3-5」という数字がありますが、これはアートボードの3番から5番を意味しています。ファイルを書き出す際に必要となるアートボード範囲をここにメモしておき、書き出す直前にこのテキストをコピーしておけば、アートボード番号はいくつからいくつまでだったっけ？と悩まずに済みます。

　表紙となるアートボードの右側に2つほど新規にアートボードを増やしたら、プロジェクト名や作成者などを入れたフッターをシンボルで用意します。ページタイトルと日付は今後も変化する部分なので、テキストで配置します 図53 。

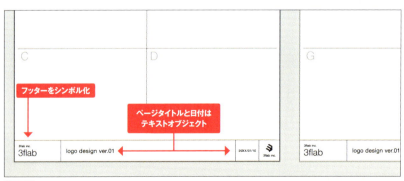

図53　最初の提案のフッター

絞り込んだロゴマークの大きさを調整しつつ、並べていきます。ここではロゴタイプは仮のものを置いています。この段階でアンチエイリアスを考慮して、オブジェクトの座標やサイズの数値を調整することもあります 図54 。

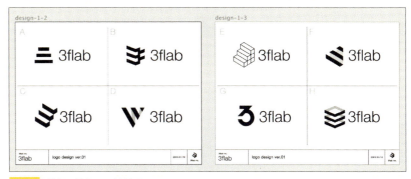

図54 最初の提案のロゴを整理

デザイン案の書き出し

上から2段目に並んだアートボード群を「最初のデザイン案」としてPNG画像とPDFに書き出して提出データを作成します。アートボード番号は3〜5番です 図55 。

> ヒント[*6]
> ［アートボード］パネルを表示するには、［ウィンドウ］メニューの［アートボード］をクリックします。

図55 書き出したいアートボード[*6]

● PNGに書き出す

［ファイル］メニューの［書き出し...］をクリックし、保存先を指定します。ファイル形式から［PNG (png)］を選択して、［アートボードごとに作成］にチェックマークを付け、［範囲：］を選ぶとフォームに数値入力ができるようになるので、「3-5」と入力し、［書き出し］をクリックします 図56 。

図56 ［書き出し］ダイアログボックスで設定する

続いて表示される[PNGオプション]ダイアログボックスで、解像度やアンチエイリアスの種類、背景色を選んで[OK]をクリックすると、書き出しが実行されます図57。

図57 Retina用の書き出し設定

● PDFに書き出す

次にPDF形式で書き出します。PDFなら1ファイルにまとまりますし、印刷して確認してもらうことができます。

書き出すといいましたが、PDFは[書き出し...]に選択肢として出てくるわけではありません。[ファイル]メニューの[複製を保存...]をクリックし、ファイル形式で[Adobe PDF（pdf）]を選択します[7]。

PNGの場合と同じようにアートボードの範囲を指定して、[保存]をクリックします図58。

図58 Adobe PDF プリセット：最小ファイルサイズの設定

[Adobe PDF を保存]ダイアログボックスが表示されるので、[Adobe PDF プリセット]から[最小ファイルサイズ]を選んで、[PDFを保存]をクリックして書き出し完了です（P.129参照）[8]。

ヒント[7]

[別名で保存...]でも書き出せますが、書き出したばかりのPDFが開いた状態になります。作業を再開するためにIllustratorファイルを開き直すのは手間なので、[複製を保存...]から書き出すようにしましょう。

ヒント[8]

今回書き出したPNGとPDFはiPadと同じ4:3の縦横比なので、iPadでも快適に確認できます。

2度目以降のロゴデザイン作業

　最初の提案でロゴが決定することはほぼありません。というわけで、2度目の提出用のアートボード群をまた下に追加してきます。

　クライアントから戻ってきた意見や要望を元に、修正したり、新たにデザイン案を加えたりします。今回はE案を元にブラッシュアップしていくことになりました。E案の展開案ということで、「E-1」「E-2」という風に連番を割り振っておきます。アートボード範囲とタイトルも忘れずに書き足しましょう 図59 。

図59　E案の展開案

　3度目の提出で、4番目の「E-2-4」案でロゴマークのみが決定しました 図60 。

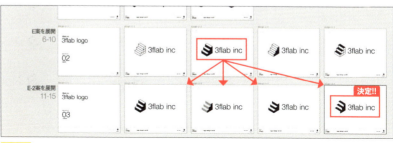

図60　ロゴマークが決定

● 決定したロゴマークをシンボル化

　ロゴタイプのデザインに向けて、決定したロゴマークはシンボル化（P.66参照）してしまいましょう。ここでシンボル化しておけば、もしあとからロゴマークの修正が入っても、まとめて一気に変更することができます。

　シンボル化する際は最背面に透明な四角を配置し、中心を取れるようにします。このロゴマークは六角形がベースになっていますが、重心が右側にずれているので、若干左に寄せました 図61 。

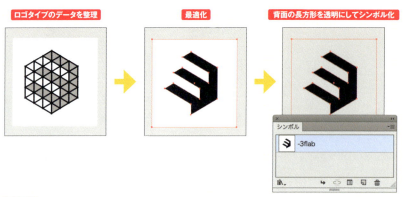

図61 ロゴマークのシンボル化

ロゴタイプの作成

ロゴマークが決定したら、次にロゴタイプを検討していきます。

ロゴタイプの最初の提案なので、方向性を探るためにさまざまな種類のフォントを使ってシンボル化したロゴマークの横にレイアウトしていきます 図62 。

図62 ロゴタイプの検討

これらを書き出し、クライアントに確認してもらいます。方向性が固まってきたら、オリジナルな文字を作成します 図63 。

少し駆け足ですが、これでロゴマークとロゴタイプが完成しました。

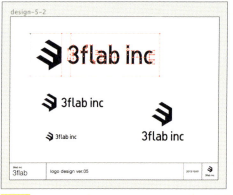

図63 オリジナルのロゴタイプ作成

1つのファイルでバージョン管理

　［表示］メニューの［すべてのアートボードを全体表示］をクリックして、縮小表示すると 図64 のようになります。この縮小率でもメモしたタイトルとアートボード番号も確認できると思います。

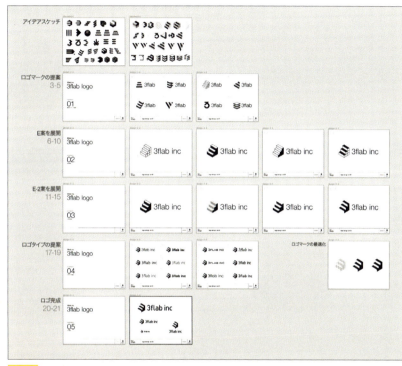

図64　全体表示

　デザイン案の追加や変更を行うたびにIllustratorファイルを増やしていくと、前にボツになったデザイン案が復活したり、1つのデザイン案でバリエーションを増やす際に、元のデータを探す手間が発生したりします。

　このように1つのIllustratorファイルで提出するデザイン案のバージョン管理をしておけば、久しぶりにファイルを開いた際に、「一番下にあるアートボードが最新バージョン」とすぐに把握できて便利です。アートボードでバージョン管理しておけば、過去の案も探しやすくなります。これまでの流れや作業量も一覧できるので、予算やスケジュールの見直しの検討にも役立ちます。

　すべてのアートボードを一気に書き出せば、途中経過も含んだポートフォリオがあっという間にできあがります。後々、作品集として提示したり、別案件で参

考にしたりするのに利用できます。

　Webデザインのように複数のページをアートボードで管理するような場合には不向きかもしれませんが、ロゴデザインは比較的ファイルサイズも軽めなのでおすすめの管理方法です。

ロゴを使ってアイコンを作成

　ロゴデザインがアプリ向けの場合は新規ドキュメントでアイコンも作成します。下図はiOS用のアイコンイメージです。さまざまな大きさのアイコンを一覧して確認できるようにそれぞれのアートボードにまとめて配置していきます図65。

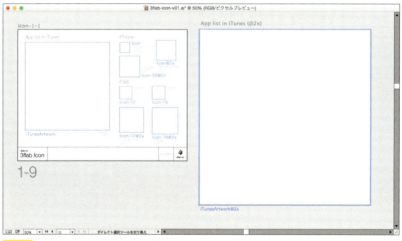

図65　アプリアイコン用にアートボードを用意する

　ロゴマークと背景のオブジェクトをまとめてシンボル化して、大きさを調整して配置しましょう。1つのシンボルで構成されているので、いざ修正が入ったとしても1カ所の修正で済みます図66。

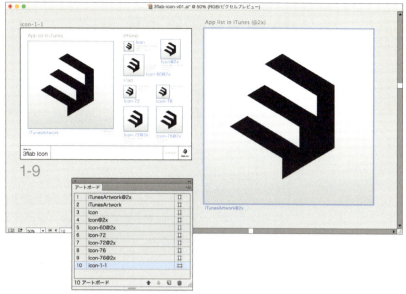

図66　シンボルを使って作成する

　それぞれのアイコンはアートボードで管理しているので、アートボードの番号を指定して、PNG画像に書き出せば完成です図67。

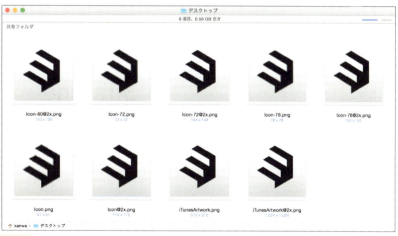

図67　書き出したアプリアイコン

納品データの作成

最後に納品用のIllustratorデータを新規ドキュメントで作成します。たいていの場合、RGB版、印刷用のCMYK版の2種類でこと足りますが、DICやPantoneで色指定した特色版を作成することもあります。

ここまで作ってきたドキュメントはRGBカラーで作成してあるので、まずはRGB版を作成します。

完成したロゴをコピー&ペーストして、レイアウトします。シンボルになっているロゴマークはリンクを解除して[*9]、オブジェクトにします。ロゴマークとロゴタイプをまとめてグループ化して完成です 図68 。

> **ヒント*9**
> シンボルのリンクを解除するには、[シンボル]パネルの[シンボルへのリンクを解除]ボタンをクリックします。

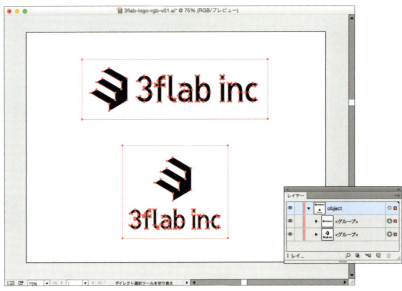

図68 RGB版のロゴデータ

最後にRGB版のファイルを複製して、CMYK版を作成します。最初に[ファイル]メニューの[ドキュメントのカラーモード]-[CMYKカラー]をクリックして、CMYKモードに切り替えましょう。現在のカラーモードがどちらなのかはドキュメントのタイトルバーでも確認できます。

[カラーパレット]を[CMYK]に切り替えて、ロゴの色やサイズを再調整します 図69 。

図69　CMYK版のカラーパレット

　クライアントが確認できるIllustratorのバージョンまで落として、保存して完了です。

　クライアントによってはできあがったロゴの使用方法や規定を示したロゴマニュアルを作成したり、名刺、封筒などの印刷物をデザインする工程が入ることがあったりしますが、ここでは割愛します。

　以上がロゴデザインの作成から納品データ作成までの作業フローです。ここまでで4つのIllustratorファイルで済ませることができました。作成するファイル数を極力抑えて効率よくデータを管理しましょう 図70 。

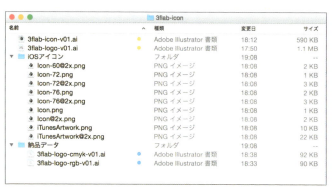

図70　作成したファイル

3-3 可変幅のカード型Webデザインのワークフロー

業務用のWebサイトやWebサービスの管理画面などに見られる、コンテンツ内のボックスがWebブラウザの横幅に追随するデザインを行うときのワークフローを紹介します。今回は、決められたサイズのボックスがフロートして並んでいるような画面を例に説明していきます。

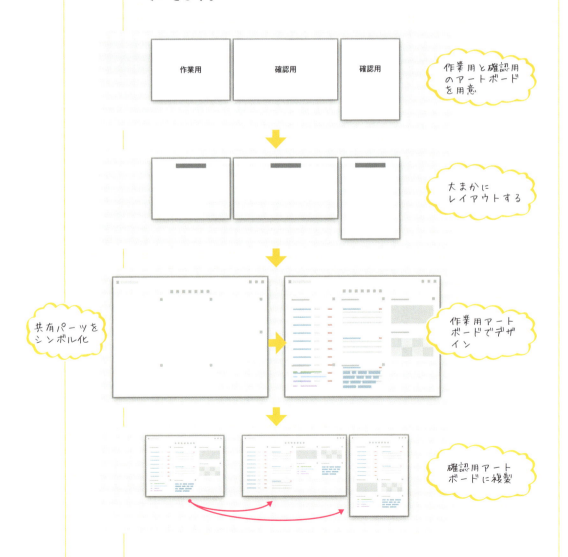

仕上がりイメージ

アートボードで画面サイズを管理する

　各画面のデザインは、すべてアートボードで管理します。アートボードを上手に扱うことで、デザインから書き出しまでをスムーズに行うことができます。

作業用アートボードを用意する

　まずは、作業を行う基本サイズのアートボードを用意します。ドキュメント上にはすでにアートボードが存在するので、そのアートボードのサイズと名前を変更しましょう。今回は、アートボードサイズを W: 1024 px、H: 768 px に、アートボード名を「home」という名前に変更しました。後々デザイン画像を書き出す際にファイル名として使われるので、アートボード名はわかりやすい名前を付け

るようにしましょう 図71 。

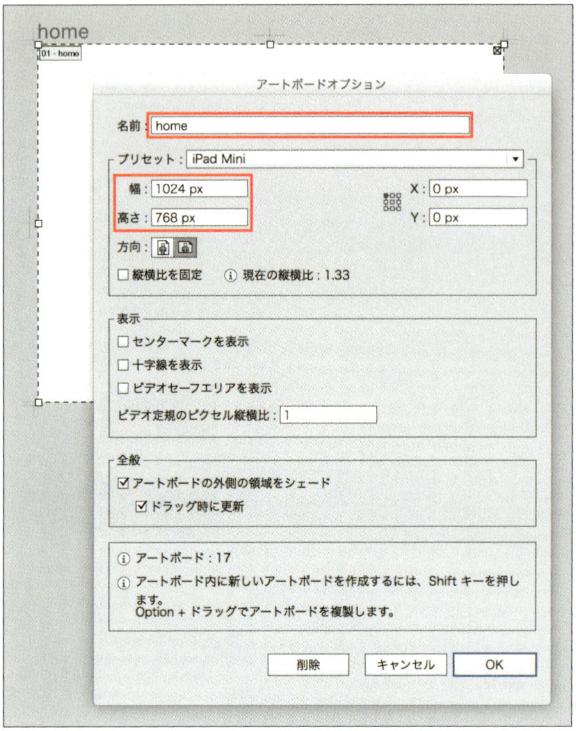

図71 すでにあるアートボードのサイズと名前を変更[*10]

次に、[レイヤー] パネルの一番下に「bg」というレイヤーを作成します。この
レイヤーは、今後作成するアートボードの座標やサイズを管理するために使用
します。「bg」レイヤーに、「home」アートボードサイズの矩形のパスを配置し、
座標を左上基準で X: 0、Y: 0 にします。後々アートボードのサイズを変更しな
ければならないときに、この矩形パスが役に立ちます。矩形パスのサイズを変更
し、[オブジェクト] メニューの [アートボード] - [選択オブジェクトに合わせる]
をクリックすると、簡単にアートボードをリサイズすることができます 図72 。

ヒント*10

[アートボードオプショ
ン] ダイアログボックスを
表示するには、アートボー
ドツールを選択した状態
で return キーを押します。

図72　矩形パスを元にアートボードサイズを変更

また、アートボードの左上に、大きな文字サイズのテキストでアートボード名をメモしておけば、ズームアウトした状態でもアートボード名が把握しやすくなります。

確認用アートボードを用意する

次に、各デバイスサイズの確認用アートボードを用意していきます。先ほど「bg」レイヤーに作成した矩形パスを右側に複製し（コラム1参照）、想定されるデバイスやウィンドウサイズに合わせてリサイズしていきます。このとき、「home」アートボードの左上を基準にした**入力しやすい数値の移動距離で配置しておく**と、アートボード間の移動や複製が楽になります 図73 。

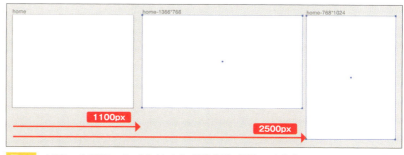

図73　1100pxや2500pxという入力しやすい移動距離に矩形パスを作成

次に、先ほど作成した矩形パスを選択し、［オブジェクト］メニューの［アートボード］-［アートボードに変換］をクリックします。これで、矩形パスの座標とサイズを元にしたアートボードが作成されます。これらの確認用アートボードもわかりやすい名前に変更しておきましょう 図74 [11]。

> **ヒント*11**
> 三階ラボでは、アートボードの作成・調整に自作のスクリプトを使用しています（P.124参照）。

図74　右2つが確認用のアートボード

> **Column**
>
> ### 複製してからサイズ調整
>
> 矩形のようなシンプルな形状のパスを複数作るときは、その都度［長方形ツール］で描くよりも、先に作った矩形パスを複製してからサイズの調整を行うほうが効率がいい場合があります。座標やサイズなどの一部が、先に作った矩形パスと共通であれば、その部分の数値入力をしなくて済みますし、その分ミスも減ります。とても細かいことですが、こういった小さな積み重ねで、ミスや余計な労力を減らすことにつながります。

大枠のレイアウトをする

　各サイズのアートボード上で、ヘッダーやコンテンツ内のボックスなどの大枠をレイアウトしていきます。

領域を確保する

　ヘッダーやメニュー項目などは、これから作成するピクトグラムのサイズを想定しながら、矩形パスで領域を確保しましょう 図75 。

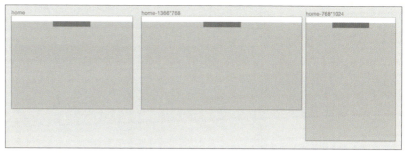

図75 ヘッダーとメニュー項目の領域を確保する

白いボックスを並べる

　コンテンツが置かれる白いボックスを作成します。ボックス同士は隙間を空けずに密着した状態で配置しましょう 図76 。

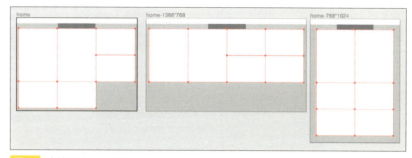

図76 密着した白いボックス

　配置したら、白いボックスを選択して、[効果]メニューの[パス]-[パスのオフセット]をクリックします。[オフセット]にマイナス値を入力し、マージンを追加します。[パスのオフセット]効果を使うことで、マージンをあとから簡単に調整できるようになります。また、ボックスの移動・複製時もアンカーポイント同士でスナップしやすくなります 図77 。

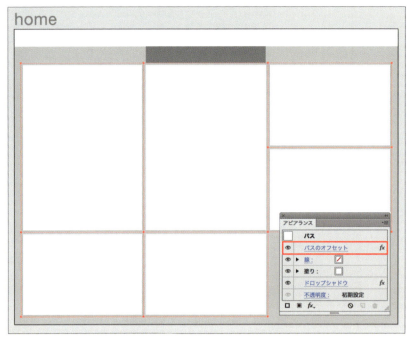

図77 密着した白いボックスにパスのオフセット効果でマージンを付ける

共通フォーマットのパーツを作る

　大枠のレイアウトが決まったところで、ここからは作業用アートボードだけでデザイン作業を行っていきます。

ピクトグラムを作る

　ヘッダーやコンテンツ内に置くピクトグラムを作成し、シンボル化しておきます。ピクトグラムが複数ある場合は、1カ所に集めて作業を行いましょう。ピクトグラムを並べることで、全体のバランスを確認しながら調整できますし、画面内のデザインで使われるすべてのピクトグラムを1カ所で把握・管理することができます 図78 。

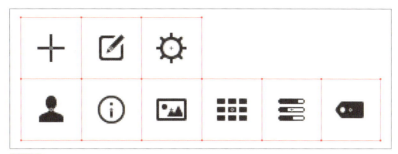

図78 1カ所にまとめたピクトグラム

横幅可変のヘッダーを作る

シンボルには、同じ図形を使いまわせること以外にも、[9 スライスの拡大・縮小]という便利なオプション機能があります。この機能は、配置したシンボルをリサイズしたときに、シンボルの中身を9つの領域（4本のガイド）で分割し、4隅の領域はリサイズせずに、その他の領域のサイズだけを変更してくれます 図79 。

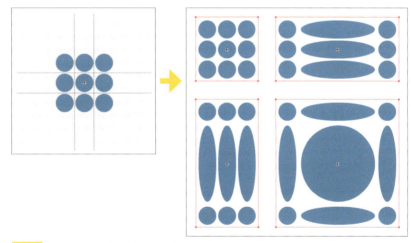

図79 9スライスの拡大・縮小を使用した例

この機能を使い、どの画面サイズにでも使いまわせることができるヘッダーシンボルを作成します。

❶ 必要な要素を配置する

まずは、先に領域を確保したヘッダー部分に、ロゴやピクトグラムなどを並べます。配置するオブジェクトの位置が決まったところで、ヘッダー全体の横幅をある程度まで縮めます。領域を確保したサイズのままでも問題ありませんが、小

さくまとめておいたほうが、後々の変更・修正作業が楽になります 図80 。

図80　ヘッダーにオブジェクトを配置し、横幅を縮める

❷ シンボル化する

　先ほど作成したヘッダー用オブジェクト群を選択し、シンボル化します。このとき表示される［シンボルオプション］ダイアログボックスで、［9スライスの拡大・縮小］にチェックマークを付けておきます。［基準点］は左上にしましょう 図81 。

図81　シンボルオプションダイアログで［9スライスの拡大・縮小］にチェックマークを付ける

❸ シンボルの9スライスを調整する

　次に、先ほど追加したドキュメント上のヘッダーシンボルを［選択ツール］でダブルクリックし、シンボル編集モードに入ります（P.91のコラム参照）。すると、シンボル内のオブジェクトが編集できる状態になり、縦に2本、横に2本の破線のガイドが表示されます 図82 。

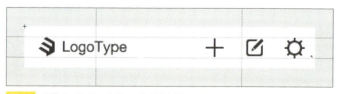

図82　編集モードで9スライスのガイドを表示

　このガイドの位置を 図83 のように調整したら完成です（P.92のコラム参照）。

図83　位置を調整した9スライスのガイド

　完成したヘッダーシンボルを各アートボードに配置し、それぞれの横幅を変更してみてください。ロゴやボタンは変形せずに、ヘッダー全体がリサイズできるはずです 図84 。

図84　リサイズしてもロゴやボタンが変形しない

Column

シンボルの編集

登録したシンボルを編集する際、[シンボル]パネル内のシンボルをダブルクリックしたり、[シンボル]パネルメニューから[シンボルを編集]を選択すると、アンチエイリアスのかかった微妙な状態で表示されることがあります 図85 。この状態でオブジェクトの位置やサイズを調整すると、ドキュメント上のシンボルの座標やサイズが乱れてしまう恐れがあります。シンボルの編集を行うときは、必ずドキュメント上に配置したシンボルをダブルクリックしましょう。

図85　シンボル編集モードで表示がおかしい例

Column

シンボル化するときのポイント

テキストはフォントフェイスやサイズによっては、想定している範囲からはみ出してしまうことがあります。また、シンボル化したものをリサイズすると、［9 スライスの拡大・縮小］指定しているにもかかわらず、内部のテキストが変形してしまいます。これらの症状は、テキストに［オブジェクトのアウトライン］効果を適用することで回避できます 図86 。

図86　［9 スライスの拡大・縮小］シンボルの中のテキスト

［9 スライスの拡大・縮小］シンボルの中に、さらにシンボルを配置する場合、テキスト同様にリサイズすると中のシンボルまで変形されてしまいます。このときも、中のシンボルに［オブジェクトのアウトライン］効果を適用することで正しく表示することができます 図87 。

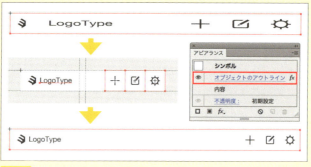

図87　［9 スライスの拡大・縮小］シンボルの中のシンボル

ナビゲーションを作る

　画面の横幅サイズの影響を受けない、ピクトグラムのシンボルで構成されたナビゲーションボタンを作成していきます。このナビゲーションボタンは、画面によって選択された状態の見た目を変えることがあるので、ヘッダーのようにまとめてシンボル化は行いません。

● **ピクトグラムを並べて着色する**

　まずは、シンボル化したピクトグラムを配置します。次に、現在表示されている画面に対するピクトグラムの色を変更します。他のところで配置している同シンボルの色が変わってしまわないように、**［光彩（内側）］効果を使って目立つ色味に変更**します（P.67参照）。その他のピクトグラムも好みの色や透明度に変更して完成です 図88 。

図88　ピクトグラムを並べて色を変える

● **画面に合わせて色を変える**

　今回は「ホーム」ボタン（家のシルエット）の色を濃くしましたが、もし「リスト」の画面をデザインする場合は、「リスト」ボタン（人物シルエット）のシンボルを選択し、スポイトツールで家のシルエットをクリックすることで、アピアランスを簡単に変更できます 図89 。

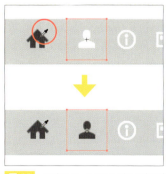 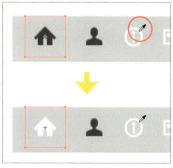

図89　スポイトツールでシンボルの色を変える

見出しを作る

　白いボックスの上部に配置する見出しテキストを書き込み、その右側に、ピクトグラムを配置します。さらに、見出しテキストとピクトグラムの背面に透明の矩形パスを配置し、グループ化しておきましょう。グループ化しておくことで、透明の矩形パス同士でスナップや整列できるようになり、移動や複製が簡単になります図90。

図90　グループ化した見出し

　この見出しグループを各ボックスに複製していき、テキストやシンボルを置換していきます図91。

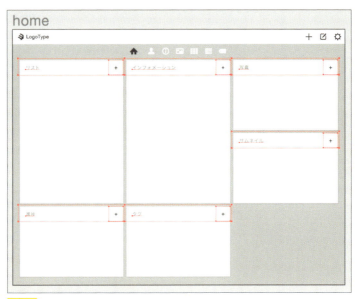

図91　見出しグループを複製して内容を変更する

コンテンツを作る

　コンテンツ内の情報は、基本的にコーディングやプログラミング時に正しい情報が入力される部分とします。ですからこの段階では、見た目のデザインを行うことのみを考えて作成していきます。

リストを作る

　ユーザー情報や商品情報などの一覧で使われるリストを作ります。リストや表を作るときは、段組設定（P.111参照）やタブ設定などを使用することが多いのですが、ここではもっとシンプルにリストの見た目を作っていきます。

● 背面に矩形パスを配置する

　リストの1行サイズ分の矩形パスを描きます。この矩形パスを使って見た目のデザインを行います。今回は、背景が白色で、上に1pxのグレーの線が入るような見た目にしていきます。まず、矩形パスを選択し、［アピアランス］パネル（P.22参照）で［線］を「なし」に、［塗り］を「グレー」にします。次に、グレーの塗りに［変形］効果（P.52参照）を適用します。［垂直方向］を「1px」に、［コピー］を「1」と入力します 図92 。これで、1px下にずれた塗りが複製されました。

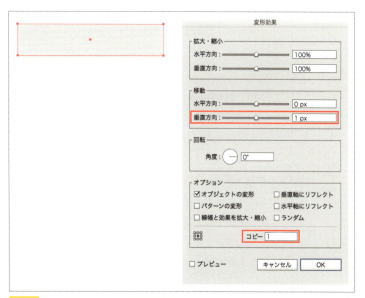

図92　矩形パスの塗りに［変形］効果で移動（コピー）

さらに、[効果]メニューの[パスファインダー] - [背面オブジェクトで型抜き]（P.57参照）をクリックし、アピアランスパネルで、先ほど適用した[変形]効果の下に移動します。これで、矩形パスの上部にグレーの線が追加されました図93。この方法で作られた線は、**オブジェクトをリサイズしても線の太さが変わりません**。さまざまな場面で使えるテクニックなので、覚えておきましょう。

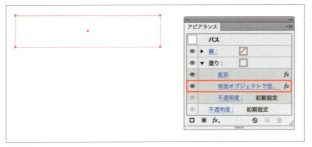

図93　矩形パスの塗りに［背面オブジェクトで型抜き］を追加

次に、先ほど用意したグレーの塗りの下に、新規塗りを追加します。これは、リストの背景色になる塗りなので、とりあえず白色か透明にしておきましょう。この背面用矩形パスの上に、ピクトグラムや項目名、数値テキストなどを配置します。これで1行分のデザインが準備できました図94。

図94　準備した1行分のリストデザイン

次から、この1行分のデザインからリストを作成する方法をいくつか紹介していきます。

● **1行を複製する方法**

1行分のオブジェクトを、まとめてグループ化します。グループ化した1行分のデザインを、[変形]効果の移動（コピー）で複製します。移動距離は1行分の高さの数値を入力しましょう。コピー数は[プレビュー]にチェックマークを付けて、確認しながら入力します図95。

これだけで、簡単なリストが完成します。もしリストの見た目や大きさをあとから調整する必要が出てきても、1行分のデザインを変更するだけで、すべての行に反映させることができます。リスト内の内容は単調になってしまいますが、リストのデザイン感やサイズ感を見せる程度なら効果的な方法です。

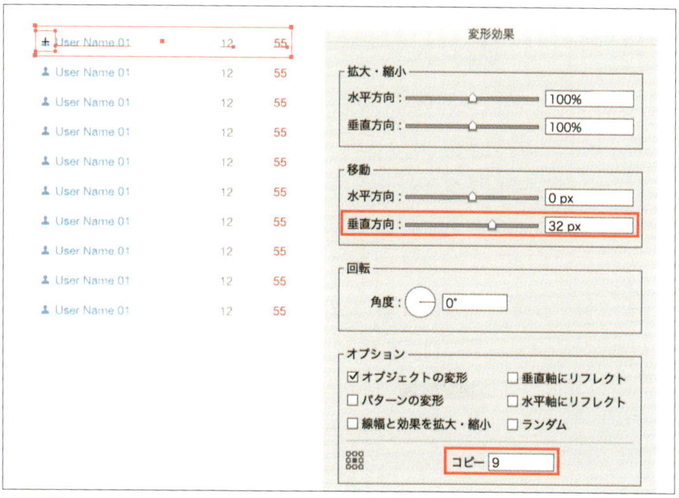

図95 1行を複製したリストデザイン

● 1行おきに背景色を変える方法

　準備した1行分のオブジェクトを、まとめて下に複製します。次に、複製したほうの背面矩形パスの色を変更し、2行分をまとめてグループ化します。グループ化した2行分のデザインを「1行を複製する方法」と同様に、変形効果の移動（コピー）で複製します。移動距離は2行分の高さにしましょう 図96 。

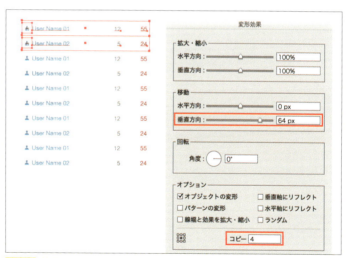

図96 1行おきに色が違うリストデザイン

　これで背景色が1行おきに変わるリストの完成です。さらに複製する行数を増やし、各行のテキストを書き換えることで、ランダム感を出すことも可能になります。

● **指定された情報を入れる方法**

　準備した1行分のオブジェクトのうち、背面矩形パスとピクトグラムをグループ化します（P.102のコラム参照）。このグループ化したオブジェクトを「1行を複製する方法」で行を増やします。次に、列ごとに「改行」でテキストを流し込んでいきます。このテキストの行送りは1行分の高さの数値を入力します。これで指定された情報が反映されたリストが完成しました。このように、列ごとにテキストを管理することで、ExcelやNumbersのような表計算ソフトで送られてきたデータを簡単に流し込むことができます 図97 。

図97　列ごとにテキストを流し込む

　最後に、リストの上部に項目名を用意したら完成です。

インフォメーションを作る

新着情報やインフォメーションなど、日付や長めの文章、カテゴリなどで構成されたデザインを作っていきます。

● カテゴリを作る

カテゴリやタグなどで使用される、囲み文字を作っていきます。

まず、テキストを入力し、テキストの塗りを「なし」にします。次に、[アピアランス]パネルで新規塗りを2つ追加します。上の塗りが文字色で下が背面の囲みになります。2つの塗りのうち、下の塗りに[効果]メニューの[ラスタライズ...]を適用し、[解像度]を「スクリーン(72 ppi)」に、[背景]を「透明」、[オブジェクトの周囲に]の数値を「0px」にします。[アンチエイリアス]はどれでもかまいません。ここで[ラスタライズ]効果を適用するのは、いったん疑似的に画像化してしまい、テキストオブジェクトの物理的な座標やサイズの数値に入る小数を除去するためです 図98 。

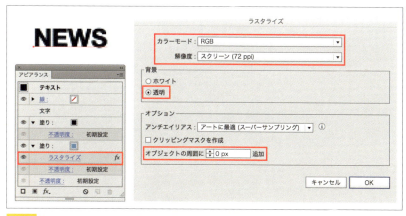

図98 下の塗りに[ラスタライズ]効果を設定する

さらに、[効果]メニューの[形状に変換]-[角丸長方形...]をクリックし、プレビューで囲みの余白と角丸具合をみながら数値を調整します。先ほど疑似的に画像化したものが[形状に変換]効果によって再び疑似的なベクターデータに戻ります 図99 。

図99　下の塗りに［角丸長方形］効果を追加

最後に［変形］効果で、囲みの位置を調整し、上にある文字色にあたる塗りの色を変更すれば囲み文字の完成です図100。

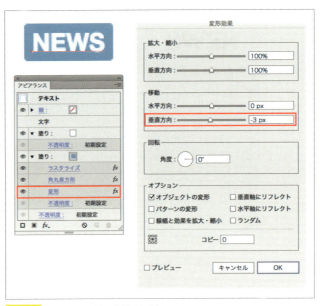

図100　下の塗りに［変形］効果を追加

この作り方で表現した囲み文字は、囲みの色を簡単に変更できますし、テキストの文字数に合わせて囲みサイズが変わるので、文字数が変わるたびに囲みのサイズを変更する必要がなくなります図101。

図 101　テキストの長さに合わせて囲みサイズが変わる

　また、先に[ラスタライズ...]を適用することで、囲みに無駄なアンチエイリアスが入らなくなります。
　ただし、ラスタライズ（疑似的に画像化）しているため、このままSVGやPDFなどの**ベクター形式の素材として書き出すと、囲み部分が画像化されてしまいます**。ベクター形式の素材として提供するパーツには、ラスタライズしないようにしましょう。

● 背面用矩形パスで位置を管理する

　見出しと同様に、日付とカテゴリの背面に、位置とサイズ管理用の背面矩形パスを用意しグループ化しておきましょう。長めの文章はエリアテキストで用意します。行数が決まっている場合は、[エリア内文字オプション]*12 の[自動サイズ調整]のチェックマークを外し、エリアのパスで高さを管理します 図102 。
　1つのインフォメーションのレイアウトが決まったところで、下に複製していき、テキストの内容やカテゴリ名、カテゴリ色を変更して完成です 図103 。

> **ヒント*12**
> [エリア内文字オプション]ダイアログボックスを表示するには、[書式]メニューの[エリア内文字オプション]をクリックします。

図 102　背面の矩形パスやエリアテキストでサイズ管理

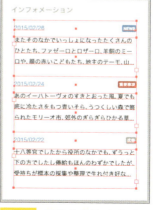

図 103　完成したインフォメーション

Column

グループ化してから［変形］効果とスポイトツール

デザイン要素を［変形］効果で移動（コピー）する場合、デザイン要素のオブジェクトが1つだったとしても、そのオブジェクトを一度グループ化してから［変形］効果を使うと便利です。グループ自体に［変形］効果を与えておけば、もし［変形］効果を削除したいときに、グループを解除するだけで、効果を消すことができるようになります 図104 。

図 104　グループ化してから効果を適用

また、［スポイトツール］を使ってアピアランスを流用するときにも、効果を発揮します。オブジェクトのデザインを、他のオブジェクトのアピアランスから取得したいときは、オブジェクトの一部（アンカーポイントやセグメント）を［ダイレクト選択ツール］で選択します。この状態で［スポイトツール］でアピアランスを取得することで、グループ内のオブジェクトのアピアランスだけを変更できます 図105 。

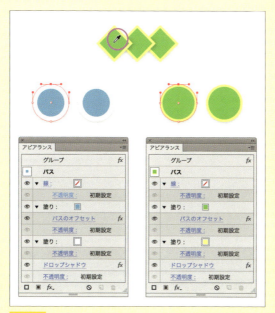

図 105　オブジェクトの一部を選択して、スポイトツールでオブジェクトの効果を流用

逆に、グループの［変形］効果だけを［スポイトツール］で取得したいときは、背面用矩形パスを［選択ツール］で選択し、目的のオブジェクトの「複製された部分」を［スポイトツール］でクリックします。これで、グループに適用された「効果」だけが適用されます図106。

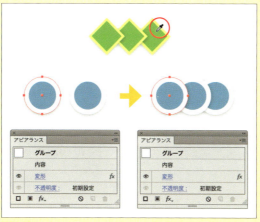

図 106　スポイトツールで「複製された部分」をクリックしてグループの効果を流用

写真やサムネイルを作る

コンテンツのデザインを進めていく上で、ダミー画像を用意して、いろいろな箇所で配置することがよくあります。ダミー画像は、少し大きめの正方形の画像を用意しておくと、取りまわしが楽になります。

● **シンボル化する**

デザインで使用する画像は、リンクで配置することが多いと思いますが、ダミー画像のような流用する画像は、ドキュメントに埋め込んでしまいましょう。そして、埋め込んだ画像はシンボル化することをおすすめします。埋め込んだだけの画像は、複製して流用するとファイルサイズが増えてしまいます。［変形］効果でも同じです。シンボル化することで、このデータが重くなる症状を回避することができます 図107 。

図107 画像をシンボル化したときのファイルサイズ比較

横長や縦長の画像として使用する場合は、目的のサイズのパスでクリッピングマスクしましょう 図108 。

図108 クリッピングマスクで縦横比を変更

● **きれいに並べる**

サムネイルのように、オブジェクトを規則正しく並べる場合は［整列］パネルを使いましょう。適当に配置したサムネイル群をすべて選択し、さらにその中か

らキーとなるオブジェクトをクリックします。この状態で、［整列］パネルの［オブジェクトの整列：］から目的の整列方法をクリックし、［等間隔に分布：］から［水平方向等間隔に分布］をクリックすることできれいに並べることができます。オブジェクト同士の間隔を空けたいときは［等間隔に分布：］の間隔値に数値を入力しましょう 図109 。

図109　［整列］パネルオブジェクトを整列・分布

進捗メーターを作る

　進捗状況や期限などを表現するメーターのようなデザインを作っていきます。まずは最大値となる背景のバーを作ります。次に、そのバーをコピーし、前面にペーストします。ペーストしたバーにメーターの色を着け、変形パネルやアンカーポイントの移動でサイズを変更します。

　このとき、正しいグラフにする場合は、横幅を計算してリサイズしましょう。もし進捗状況が75％だとしたら、［変形］パネルのW：に「75％」と入力し、return を押します。または、変形パネルのW：の数値の後ろに「*.75」と入力することで、Illustratorが計算した数値を自動で入力してくれます 図110 。

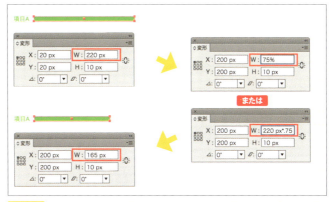

図110　［変形］パネルで計算

　複雑なものでなければ、同じ手法で棒グラフなども簡単に作ることができます。

タグを作る

インフォメーションのカテゴリ部分と同じ方法で、テキストに囲みを付けましょう。[整列]パネルの整列や分布を使い、きれいに並べれば完成です。

確認用アートボードにコンテンツを複製する

作業用アートボードで一通りのデザインが完成したら、確認用アートボードに複製していきましょう。すでに白いボックスの座標やサイズが確保されているので、ボックスごと選択したコンテンツデザインを、確認用アートボードにあるボックスにスナップさせて簡単に複製できます 図111 。

図111　ボックスをスナップして複製

確認用アートボードは、画面デザインごとに用意してもかまいませんし、1つだけ用意して、その都度画面デザインを複製して確認することもできます。クライアントの意向や、画面構成などに合わせてアートボードを作成するといいでしょう。

各画面のデザインが完成したところで、クライアントの確認用に、アートボードごとに画像として書き出します。[ファイル]メニューの[書き出し...]をクリックし、[ファイル形式]を「PNG」にします。[アートボードごとに作成]にチェックを入れ、書き出したいアートボードを指定します。書き出し方法の詳細についてはChapter 4を参照してください。

③-4 プロモーション系 Webデザインのワークフロー

ここでは、プロモーション系Webサイトなどで、レスポンシブWebデザイン（RWD）用のデザインカンプを制作する場合のワークフローの一例を紹介します。オブジェクトの扱いなどの細かい技法は3-3の「可変幅のカード型Webデザインのワークフロー」と共通するところも多いので、あわせて参考にしてください。このセクションでは、Webサイトのデザインや、RWDでのポイントになる部分を中心に解説します。

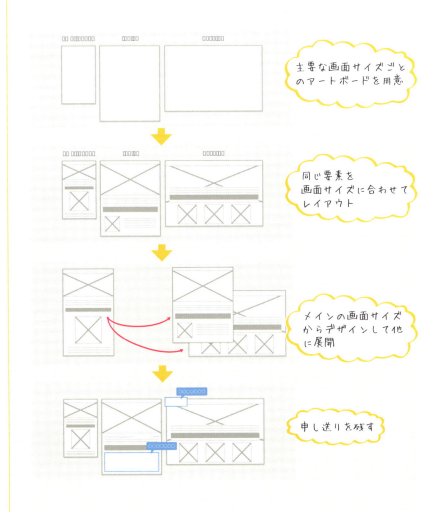

RWDのデザイン制作のポイント

　RWDの特徴かつ大原則は、ブラウザのサイズに合わせてCSSなどでレイアウトやデザインを調整し、各デバイスに最適化した形で同じ内容のコンテンツ（HTML）を見やすい状態にできることです。制作にあたってはHTMLベースのモックアップによるレイアウト検討が先行する場合もあり、プロジェクトの状況に応じて採用されるワークフローは異なります。

　完全なデザインカンプが先行するウォーターフォール型のプロジェクト進行は以前より減少しつつありますが、いずれの段階でもデザインを適用するにあたっては何らかのグラフィック制作が必要となります。Illustratorは1つのドキュメントで各デバイス向けのデザインを一覧しながら作業できるので、その点から見てもRWDに親和性の高いデザインツールといえるでしょう 図112 。

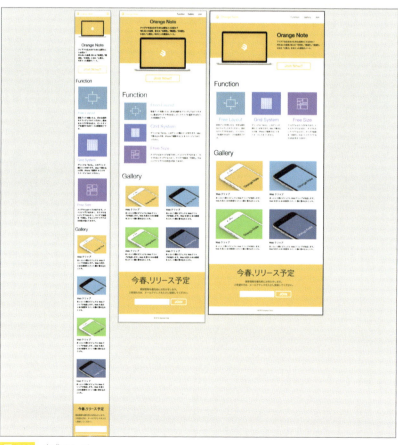

図112　完成イメージ

アートボードを準備する

　主要な画面サイズごとのデザインを1つのドキュメント上で一覧しながら作業することで、要素の抜け落ちや、矛盾の発生を防ぎます。また、RWDの場合は実装に応じて調整が発生する可能性も多分にあるため、修正に対応しやすいメリットもあります。

画面サイズごとのアートボードを用意する

　作業にあたって、画面サイズごとにアートボードを用意しておきます。レイアウトを切り替えるブレークポイントを基準に、各範囲で標準的なデバイスの画面サイズを元に、アートボードを準備します。

　複数画面分のアートボードを1つのドキュメント上に用意する方法は、3-3の「アートボードで画面サイズを管理する」を参照してください（P.83参照）。ここでは、3つのサイズのアートボードを作成し、横に並べます 図113 。

表1　作成するアートボードのサイズ

	スマートフォン	タブレット	デスクトップ
アートボード幅	320px	768px	1024px
アートボード高さ※	2000px	2000px	2000px
アートボード名	smartphone	tablet	desktop

※高さはコンテンツ量とデザインに合わせてあとから適宜調整するため、仮決めです。

図113　画面サイズごとのアートボードを用意したところ

レイアウトする

まず、各アートボード上に、矩形パスやテキストなどでページの構成要素をレイアウトしていきます 図114。順序としては、スマートフォン用の画面でまずレイアウトし、その後タブレットやデスクトップ向けの画面サイズに展開していくのが理想的です（プロジェクトによっては優先させたいデバイスが異なる場合もあるので、状況に応じて組みやすい順序にしてください）。

このとき、各画面間で構成要素の過不足や内容の差異が発生しないように注意しましょう。

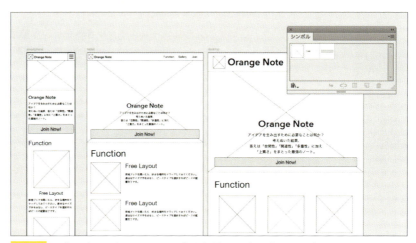

図114 画像やボタンなどはあらかじめシンプルな矩形でシンボルを作っておけば、素早く配置できる

モックアップによるレイアウト検討が先行している場合

先行してモックアップなどでのレイアウト検討が行われている場合は、その内容に合わせて各画面サイズでのレイアウトを反映していきます。

また、インブラウザである程度のデザインが進行していて、Illustratorで作業するのが部分的なデザイン作業になることもあります。その場合は、ブラウザでキャプチャを撮影しておき、それを配置してから必要な部分のみをマスクした上で、対象となる要素だけを矩形やテキストで配置していけば、効率よく全体のバランスを見ながら作業を進められます。

モックアップが先行していない場合

モックアップなどでのレイアウト検討が先行していない場合であれば、この段階で画面サイズごとのレイアウトを調整していきます。

要素をレイアウトするときのコツ

● グリッドのガイド代わりのオブジェクトを簡単に作成する

要素を配置する際にグリッドシステムのガイド代わりのオブジェクトを敷いておくと、感覚的に素早く整然とレイアウト作成できます。グリッドを作る際は[段組設定]を利用するのがおすすめです。例として、デスクトップ用の画面に960px基準のグリッドを設置してみましょう。

ガイド代わりのオブジェクトを作成する場合は、専用にレイヤーを作って配置しておきましょう。[レイヤー]パネルで新たに「guide」というレイヤーを作成し、このレイヤー上でW: 940px、H: 2000pxの長方形を作って、中心に配置します 図115 。W: 940pxは、960pxの両端に10pxのマージンを確保することを前提とした数値です。

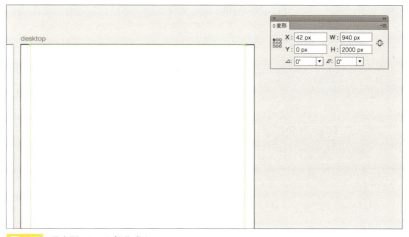

図115 長方形のシェイプを作成する

この長方形を選択した状態で、[オブジェクト]メニューの[パス]-[段組設定...]をクリックして、[段組設定]ダイアログボックスを表示します。[列]の設定で、段数：12／幅：60px／間隔：20px／合計：940pxとなるように設定して[OK]をクリックすると、長方形が12列に分割されます 図116 。その他必要なガイド代わりのオブジェクトがあれば適宜「guide」レイヤーに準備しておき、完了後はレイヤーをロックして、作業の妨げにならないようにします。

図116 段組設定を利用して12分割する

●繰り返すモジュールは変形効果を活用

サムネイル＋タイトル＋概要テキストなど、セット単位で規則的に繰り返すモジュールのような要素については、グループ化してから［変形］効果を利用して大まかなレイアウトを検討すると効率的です。

縦に繰り返す場合は［垂直方向］に移動距離を入力し、［コピー］に複製したい数量を入力して［OK］をクリックします 図117 。

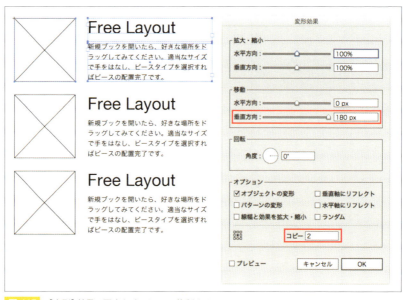

図117 ［変形］効果で要素をバーチャルに複製する

また、効果は重ねて適用することも可能です。図のように横方向と縦方向の双方に複製したい場合は、それぞれの方向に繰り返すための変形効果を適用することで、複数行×複数列にモジュールを繰り返し配置することができます 図118 。

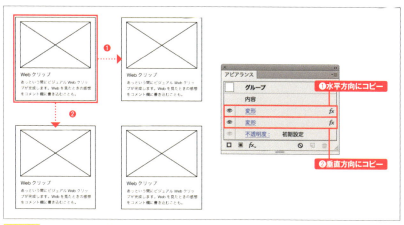

図118　複数方向に複製する場合は変形効果を重ねがけする

最終的にそれぞれにデザインを適用させたり、テキスト内容を変えたりする場合は、[オブジェクト]メニューの[アピアランスを分割]をクリックすれば、それぞれを別々の実体のオブジェクトに分割できます。

Column

ワイヤーフレーム資料として併用する

レイアウト段階からIllustratorで作業していく場合は、プロジェクト進行中のワイヤーフレーム資料として併用してもいいでしょう。クライアント確認に提出するために利用するだけでなく、各画面サイズ用のアートボードごとに書き出ししたものを実機で表示させることで、大まかなモックアップとしても利用できます。

HTMLのモックアップに比べると効率は劣りますが、プロジェクト進行の都合上、やむを得ず資料としてのワイヤーフレームが先行せざるをえない場合には、少なくともPowerPointやExcelなどで作成したドキュメントをさらにデザインに落とし込むよりは手間を省けます。

ドキュメント上でのレイアウトが完了したら 図119 、デザイン作業に入ります。

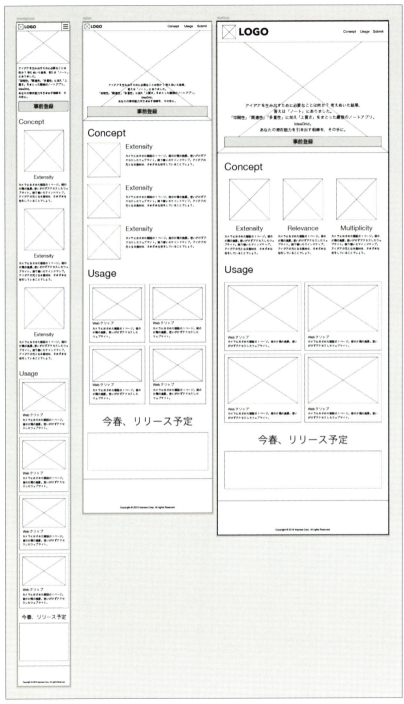

図 119　ワイヤーフレーム状態での完成図

共通パーツのデザインを共有しながらデザインする

　本番のデザインでも、基本的にはメインとなる画面サイズでデザインし、その他の画面に反映していくワークフローを採ります。

　他の画面用にデザインを反映させていくにあたっては、シンボルやグラフィックスタイルを上手に活用しましょう。RWDは各閲覧環境に合わせて見やすさを向上させるのが目的の1つですから、パーツを単純に拡大・縮小するのみでなく、マージンや縦横のサイズを最適化させるように調整する場合もあります。共通する要素が画面サイズに合わせて伸縮したり、微妙にレイアウトが変化したりするのにも柔軟に対応できますし、調整や変更が発生した際にも、一元管理しておくと対応しやすくなります。

9スライスを活用して画面幅に合わせたヘッダーを作る

　ヘッダーなど、画面幅に合わせてボックスが追従するような要素は、9スライスを設定したシンボルで使いまわしましょう 図120 図121 。こちらも3-3で作成方法について触れているので参考にしてみてください（P.89参照）。

図120　9スライスを用いたヘッダー

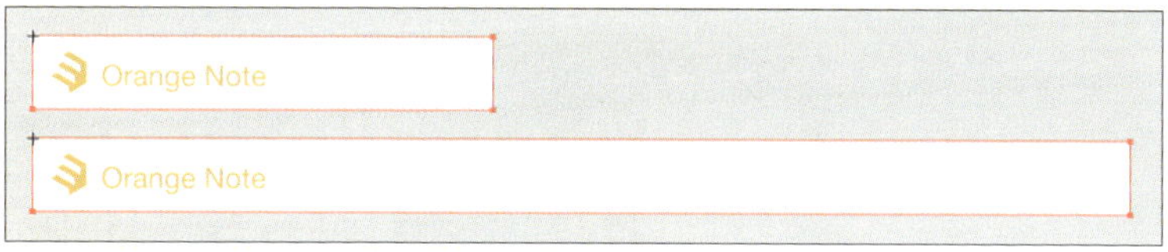

図121　画面幅に応じて横幅を伸ばす

写真やイメージをシンボル化する

　RWDのカンプの場合、基本的に各画面サイズの数だけ同じ要素を使いまわすことになります。特に写真などの画像は単純にコピーして配置するとファイルサイズを無駄に増やすことになるため、シンボル化してインスタンスとして配置しましょう。更新時の手間の削減のみでなく、データ容量の節約にもつながります。

各画面の中で一番大きく配置するサイズに合わせて画像を用意してシンボル化しておき、それぞれのサイズに合わせて適宜縮小したり、クリッピングマスクでトリミングしたりして使いまわします 図122 。

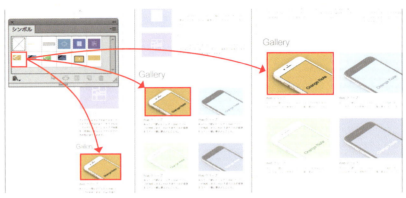

図122　シンボル化した画像の使いまわし

アコーディオンメニューなどのパーツを作成する

　スマートフォンなどのデバイス用にアコーディオンメニューなどの表示／非表示を切り替えるパーツをデザインする際は、元の画面用のアートボード上に作成せず、別途アートボードを設けて作成します。アピアランスの［変形］効果でバーチャルに元の画面のデザインを複製することで、更新の手間やファイルサイズの増加を気にせずに表示／非表示状態を確認できるので、全体をふかんしやすく、書き出しの際にも便利です。

　スマートフォン向け画面サイズのアートボード「smartphone-menu」を追加で作成しておきます 図123 。

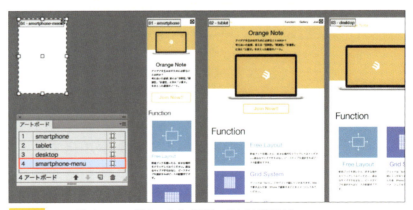

図123　アコーディオンメニュー用のアートボードをドキュメント上に追加する

　スマートフォン向け画面のデザインをグループ化し、［アピアランス］パネル

で[変形]効果を適用します。[移動距離]はアートボード「smartphone-menu」までの距離、[コピー]数は「1」とすれば、アコーディオンメニュー作成用のアートボード上に、スマートフォン向け画面のデザインを並行して表示できます 図124 。

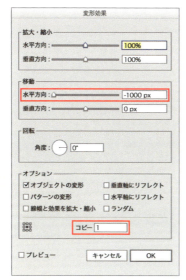
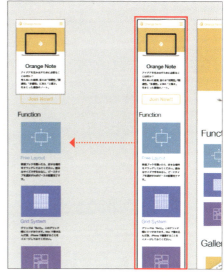

図124　アピアランスで画面デザインを丸ごとバーチャルに複製表示

この上に、アコーディオンメニューが開いた状態をデザインします 図125 。

図125　開閉状態を並行して見ながら作業できる

申し送りを残す

　実装担当する人にデザインデータを引き渡す際に、伝えておきたい細かい申し送りやメモなどを書き加えておけば、食い違いが発生することなくスムーズに必要事項や要望、意図を伝えることができます。

　申し送り用に新たにレイヤーを設けて一番上に重ね、指示内容や注意事項を書き込みます 図126 。

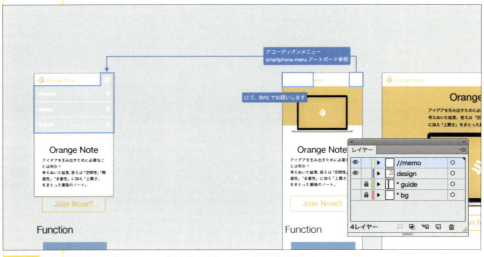

図126　必要な箇所にメモを重ねておけば引き継ぐ相手にわかりやすく申し送りできる

Illustratorからの
素材の書き出し

Illustratorにはさまざまなファイル形式で画面や素材を書き出す
ことができます。この章では、Illustratorの書き出し機能の特
徴と問題点について解説していきます。

Chapter

4

素材を効率よく書き出すには

Webサイトやアプリのデザインが完成したら、PNGやSVGなどの形式で素材を書き出す必要があります。Illustratorにはいくつかの書き出し方法がありますが、それぞれの特徴とどういうときに使うと便利なのかを説明していきましょう。

さまざまな書き出し方法

　Illustratorには、スライスによる[Web用に保存...]やアートボードによる[Web用に保存...]、アートボードごとの[書き出し...]、[複製を保存...]、その他にスクリプトやプラグインによる書き出しといった、複数の書き出し方法があります。まずは、Illustratorに備わっている書き出し機能について、素材を書き出すことにフォーカスして説明していきます。

[Web用に保存...]

　アートボードを選択後、[ファイル]メニューの[Web用に保存...]をクリックします 図1 。

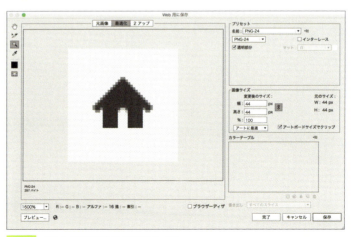

図1　[Web用に保存]ダイアログボックス

選択したアートボードが書き出されます。書き出せるファイル形式は、GIF、JPEG、PNG（PNG-8、PNG-24）です。［Web用に保存］ダイアログボックスで、画像のサイズ（幅や高さ、拡大縮小）も指定できます。さらに、ファイル形式によっては、カラーテーブルやディザなどの調整も行えます。

　ただし、ファイル名は保存するたびに指定しなければならない上に、選択したアートボードしか書き出されないため、素材を書き出す用途にはあまり向いていません。

● **スライス範囲で書き出し**

　あらかじめスライスの範囲を指定していた場合は、そのスライス範囲で、複数のファイルを書き出すことができます。この場合、ファイル名はスライスで指定したものになります 図2 。

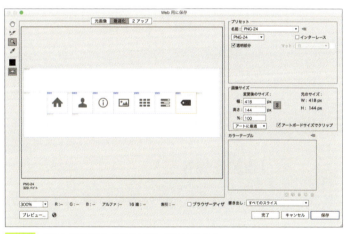

図2　［Web用に保存］ダイアログボックス（スライス）

　［Web用に保存...］は、書き出す素材のファイル形式をそれぞれ指定したい場合や、書き出すサイズを変更したいときに有効です。ただし、Illustratorのスライス書き出しは、あまりパフォーマンスがいいとはいえません。スライス範囲やファイル名の指定方法が煩雑ですし、スライスが増えていくにつれ、Illustratorの描画処理が急激に遅くなってしまうこともあります。現状ではスライス以外の方法での書き出しを利用したほうが効率がよさそうです。

[書き出し...]

[ファイル]メニューの[書き出し...]をクリックします 図3 。

図3 [書き出し]ダイアログボックス

[アートボードごとに作成]にチェックマークを付けることで、アートボードごとに複数のファイルが書き出されます。アートボードは[すべて]または[範囲]を選んでアートボード番号を複数指定することも可能です。ファイル名は、「書き出し時に指定した名前_アートボード名.拡張子」が自動で付与されます。書き出せるファイル形式は、PNG、JPEG、SWF、PSDなどです。書き出すファイル形式に合わせてオプションの指定ができます。Illustrator標準の素材書き出し機能としては、現状では最も有効な方法です。

[複製を保存...]

[ファイル]メニューの[複製を保存...]をクリックします 図4 。

図4 [複製を保存]ダイアログボックス

書き出せるファイル形式は、SVG、PDFなどです。指定したファイル形式によって、アートボードやオプションの指定方法が異なります。PDFやSVGなどのベクター形式のファイルを作成したい場合はこの方法で保存することになります。

アートボードごとに書き出す

スライス機能は利用しづらいとはいえ、Web制作でデザインデータから複数の画像を切り出して書き出すことは、まず間違いなく避けて通ることのできない道です。そこで、スライスの代わりに比較的扱いやすい書き出し方法として、**アートボードを基準とした各ファイル形式での画像の書き出し方法**を紹介します。

まずは、書き出したい素材オブジェクト(ボタンやアイコンなどのオブジェクトやシンボルなど)を1カ所に集めておきます 図5 。

図5　素材オブジェクトを1カ所にまとめる

次に、素材サイズのアートボードを作成します。1カ所に集めた素材オブジェクトを整列させ(P.125のコラム参照)、アートボード管理レイヤーに素材それぞれのサイズの矩形パスを作成し、[オブジェクト]メニューの[アートボード] - [アートボードに変換]をクリックします。このとき、アートボード付近にファイル名をメモしておくとあとから把握しやすくなります 図6 。

アートボードごとに書き出す場合、**アートボード名がファイル名に反映されます**。そのため、先ほど作成されたアートボードに素材のファイル名を指定しておきましょう。アートボード管理レイヤーを非表示にして、書き出しの準備完了です 図7 。

図6　素材オブジェクトアートボードを作成

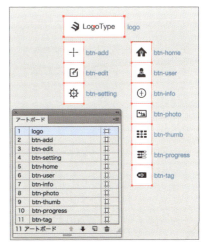

図7　アートボード名を変更[*1]

ヒント*1

アートボード名を変更するには、[ウィンドウ]メニューの[アートボード]をクリックして[アートボード]パネルを表示し、アートボード名をダブルクリックします。

Column

アートボードを作成・調整するスクリプト

筆者 (三階ラボ) が素材書き出し時に使用している、アートボード作成・調整用の自作スクリプトを紹介します。いずれも三階ラボのサイトで公開しているので、ぜひ使用してみてください。

● 3flab inc. | アートボード作成スクリプト (http://3fl.jp/is007)

複数のアートボードを一気に作成するスクリプトです。矩形パスとテキストオブジェクトをグループ化してから実行すると、矩形パスサイズのアートボードが自動で作成され、テキストオブジェクトの文字がアートボード名になります。

● 3flab inc. | アートボード調整スクリプト (http://3fl.jp/is008)

選択したアートボード名やアートボードサイズを調整するスクリプトです。グループ化した矩形パスとテキストオブジェクトを元に、選択したアートボードのサイズや名前を変更します。

● 3flab inc. | アートボード再構築スクリプト (http://3fl.jp/is009)

複数のアートボードを一気に作り直すスクリプトです。グループ化した矩形パスとテキストオブジェクトを複数選択して実行すると、ドキュメント上のアートボードを一気に作り直します。

これらのスクリプトを使用すれば、[アートボード] パネルでアートボード名を1つ1つ手作業で変更する必要がなくなりますし、アートボードサイズも簡単に変更することができます。なお、スクリプトを利用するには、以下のフォルダにスクリプトファイルを移動してから Illustrator を再起動します。追加したスクリプトは [ファイル] メニューの [スクリプト] から選択して実行します。

● Mac OS X

アプリケーション/Adobe Illustrator (バージョン)/Presets/ja_JP/スクリプト
※ CS6 では [プリセット] フォルダになります。

● Windows

C:¥Program Files¥Adobe¥Adobe Illustrator (バージョン) ¥ja_JP¥プリセット¥スクリプト

Column

素材のカタログを作成する

素材オブジェクトを1カ所に並べて隣にアートボード名（ファイル名）をメモしておき、全体を囲むアートボードを作成すると、素材一覧のカタログを簡単に作ることができます。このアートボードにカラー見本やCSSの指定などを添えれば、指示書として提出することも可能です 図8 。

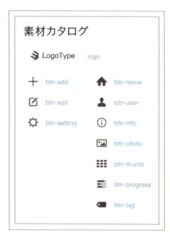

図8　素材カタログ用のアートボードを作成

ビットマップ形式で書き出す

　PNGやJPEGなどのラスター（ビットマップ）形式の素材を書き出す場合は、［ファイル］メニューの［書き出し...］を使用します。ダイアログボックス下部にある［アートボードごとに作成］にチェックマークを付け、その右にあるラジオボタンで［すべて］または［範囲］を選びます。［範囲］を選択した場合は、入力エリアにアートボード番号を入力します。入力エリアには「,」と「-」が指定できるので、とびとびの番号や、連番として指定することも可能です。例えば、「1,3,6-9,12」と入力すれば、1と3と6と7と8と9と12番目のアートボードが書き出されます 図9 。

図9 ［書き出し］ダイアログボックスで範囲を指定

PNG 形式の場合

　ファイル形式を「PNG（png）」にし、［書き出し］ボタンをクリックすると、［PNG オプション］ダイアログボックスが表示されます。ここのオプションで解像度とアンチエイリアスの指定が行えます。通常なら解像度は72dpiにしておけばいいのですが、Retinaサイズで書き出したい場合は［解像度］から［その他］を選んで144dpiに変更しましょう。アンチエイリアスは「アートに最適（スーパーサンプリング）」にしておきます 図10 。

図10 ［PNG オプション］ダイアログボックス

JPEG 形式の場合

　ファイル形式を「JPEG（jpg）」にし、［書き出し］をクリックすると、［JPEG オプション］ダイアログボックスが表示されます。このダイアログボックスで、カラーモードや画質、解像度、アンチエイリアスなどの指定が行えます 図11 。解像度やアンチエイリアスの設定は［PNG オプション］ダイアログボックスと同じです。

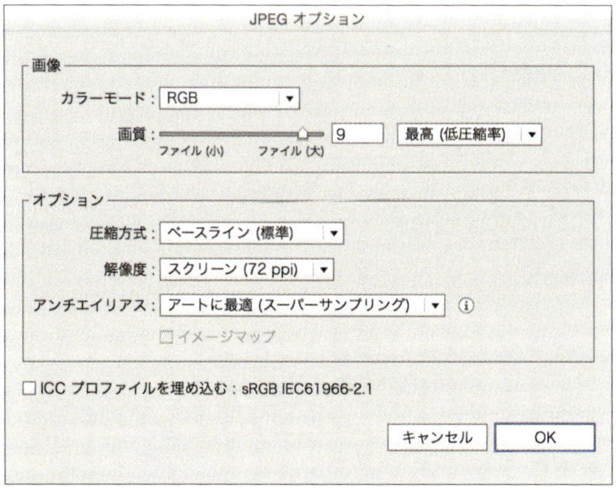

図11 ［JPEG オプション］ダイアログボックス

　［OK］をクリックすると、指定したアートボードの素材が一気に書き出されます。書き出された素材のファイル名は「書き出し時に指定した名前_アートボード名.拡張子」になるので、指定した名前の部分を削除して完成です。

ベクター形式で書き出す

　PDFやSVGなどのベクター形式の素材を書き出す場合は、［複製を保存...］を使用します。ファイル形式によりますが［書き出し...］と同様にアートボードの範囲が指定できます 図12 。

図12 ［複製を保存］ダイアログボックス

SVG 形式の場合

　ファイル形式を「SVG (svg)」にし、［アートボードごとに作成］にチェックマークを付けましょう。書き出したいアートボード番号を指定し、［保存］をクリックすると、［SVG オプション］ダイアログボックスが表示され、いろいろな設定

を行えます 図13 。ここで［OK］をクリックすると、アートボードごとのSVGファイルが書き出されます。詳しい設定についてはP.230を参照してください。

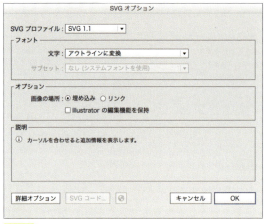

図13　［SVGオプション］ダイアログボックス

PDF形式の場合

　ファイル形式を「Adobe PDF（pdf）」にすると［Adobe PDFを保存］ダイアログボックスが表示されます。他のファイル形式と同様に、アートボードの範囲の指定が行えますが、**複数ページで構成されたの1つのPDFファイルとして書き出されます**。素材として使いたい場合は、Adobe Acrobatや他の専用ソフトで分割する必要があります。

　［Adobe PDFを保存］ダイアログボックスの［保存］をクリックすると、さまざまなオプションを指定することができるダイアログボックスが表示されます。素材として使用する場合は、［Adobe PDFプリセット：］から［最小ファイルサイズ］を選択しておけば問題ないでしょう 図14 。ここで［PDFを保存］をクリックするとPDFページとして書き出されます。

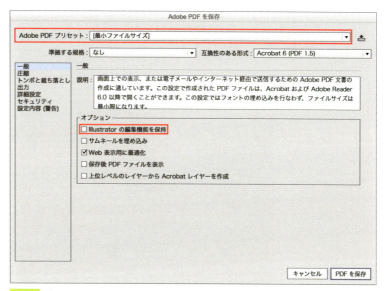

図14 ［Adobe PDF を保存］ダイアログボックス

　なお、**オプションの［Illustratorの編集機能を保持］のチェックマークが外れていることを必ず確認してください**。これにチェックマークが付いていると、書き出すつもりではなかったアートボードやオブジェクトがすべて残ってしまうので、ファイル容量も増えますし、Illustratorファイル（.ai）を渡してしまうのと同じことになってしまいます。

書き出し機能の現状と対処

　Illustratorではアートボードごとに管理して書き出せることが一番のメリットですが、Web制作向けとして見ると機能実装が発展途上のために細かな指定ができず、歯がゆく感じる面もあります。そのため、Illustratorに搭載されている機能だけではどうしてももの足りないのが現状です。ただ、それらを補うためにいろいろな方がスクリプトやプラグインを配布されているので、自分の作り方に合ったものを導入することをおすすめします。

三階ラボアートボード書き出しダイアログスクリプト

　ここではChapter 3で紹介したアートボードで管理するワークフローで活躍

する、三階ラボオリジナル書き出しスクリプト「アートボード書き出しダイアログ」を紹介します 図15 。

- **3flab inc. | アートボード書き出しダイアログ**
  http://3fl.jp/is003

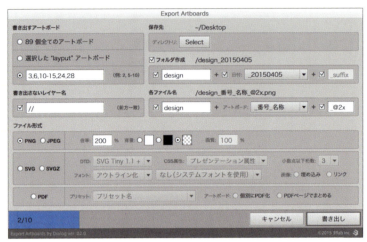

図 15　アートボード書き出しダイアログ

　Illustrator標準の書き出し機能には、次のような不満や問題点が存在します。

- **書き出したいファイル形式によって、違うメニュー項目を選択しなければならない。**
- **アートボードの指定方法が煩雑。**
- **書き出されるファイル名のハンドリングができないため、あとからリネームしなければならない。**
- **画像サイズがppiでしか指定できない。**
- **アートボードごとに1枚ずつのPDFを書き出すことができない。**

　三階ラボアートボード書き出しダイアログはこれらの不満や問題点を解決します。ファイル形式やアートボード番号やファイル名、サイズ比率などを簡単に指定できるので、デザイン画面や素材の書き出しにとても有効です。書き出すファイル名も、アートボード名を元に指定できるので、書き出し後のリネームの必要もありません。

　先に紹介した「アートボードを作成・調整するスクリプト」と組み合わせれば、アートボードの管理から書き出しまでをスムーズに行うことができるので、ぜひ導入してみてください。

新世代デザインツール 「Sketch 3」の魅力

PhotoshopやIllustratorの代わりとなるツールはたくさんありますが、その中でも注目されているものがBohemian Coding社の「Sketch 3」（スケッチ3）です。この章では、その特徴や機能に触れながら使い方を解説し、なぜそれほどにまで注目されているのか、その魅力を紹介していきます。

Chapter

5

5-1 Sketchの魅力

なぜSketchが注目されているのか、最初にその特徴とその機能を紹介していきましょう。

Sketchとは

Sketchは、オランダ アルステルダムのBohemian Coding社が開発する、OS X専用のドローイングツールです 図1 [*1]。

図1　Sketch 3

> **ヒント[*1]**
>
> Sketchは、公式サイトかApp Storeから購入できます。
>
> ● Sketch 3
> http://bohemiancoding.com/sketch/

2013年に発表されたAdobe Fireworksの事実上の開発中止を受け、日本ではその代替アプリとして一躍脚光を浴びたため、ご存じの方も多いでしょう。海外ではそれ以前からAdobe Photoshopに変わるツールとして、徐々に人気を集めていました。日本での普及はまだまだというところですが、海外ではアイコンやテンプレートなどを配布するファイルフォーマットの1つとして使われています。

執筆時点（2015年4月現在）でのリリースバージョンは3.3で、若いアプリらしく、機能改善やバグフィックスなどのアップデートが比較的頻繁に行われてい

す。本書では、バージョン3.3に基づいて執筆しました。

　Sketchは Illustratorと同じく、ベクトルベースのグラフィックツールです。スクリーンデザイン、特にアプリのUI（ユーザーインターフェース）のデザインに特化しています。他にもWebサイトやプレゼンテーションスライドの作成など、スクリーン上で完結するものであれば、Sketchを使ってデザインすることができるでしょう。

Sketch の特徴

スクリーンデザインに特化

　先述の通り、Sketchはスクリーンデザインに特化したアプリで、扱える単位はピクセルのみです。特に環境設定などを行わなくても、ピクセル単位で描画することができます。

　また、Sketchのメニューやインスペクタを見ると、Photoshopや Illustratorに比べ、非常にすっきりしていることがわかります。実際にメニュー数は少ないながら、スクリーンデザインに必要な機能がコンパクトにまとまっており、足りない部分はプラグインによる拡張や他のアプリとの連携で補うことができます。

Cocoa Application

　OS Xのフレームワークである Cocoaフレームワークを使用しているため、レジューム機能や TimeMachineによるロールバック、iCloudへの保存など、OS Xの機能をフルに使うことができます。作業中も自動的に保存されるため、アプリが突然に強制終了しても、作業を途中まで復帰できます（確実に復帰できるわけではないため、過信は禁物ですが）。

　同じ理由から、ウィンドウのレイアウトや操作感は、OS Xの作法に忠実です。Illustratorや Fireworksがよく引き合いに出されますが、むしろ Apple社のプレゼンテーションツール Keynoteに対して、オブジェクト編集機能やレイアウト機能を強化したものととらえたほうが近いかもしれません 図2 。

図2 上がKeynote、下がSketch。まったく同じではないが、ウィンドウのレイアウトや使い勝手はよく似ている

動作が軽い

　OS Xに最適化されているため、起動が早く動作も軽快です。起動の待ち時間はほとんどなく、思い立ったそのときから作業に取り掛かることができます。

　メモリ消費も抑えられており、MacBook Airでも快適に作業が可能です[*2]。

活発なコミュニティ

　OS Xには、PhotoshopやIllustratorの代替となる、AcornやSparkleなどのさまざまなグラフィックツールがありますが、Sketchはその中でも大きなコミュニティを形成できているといえます。

　FacebookグループやGoogle+コミュニティでのやり取りはもちろんのこと、実装されていない機能を有志がプラグインとして開発し、そのほとんどがオープンソースとしてGithub上に公開されています。他にも、スマートフォンのモックアップデータやUIパターンなどの素材を共有するサイトや、操作チュートリアルを動画で公開しているサイトなども存在します 図3 。

　また、Sketchファイルを扱える、プロトタイピングツールやコーディングをサポートするアプリなどもあります。比較的新しいファイルフォーマットにもかかわらず、多くのサービスやツールで採用されるということは、やはりそれだけ

ヒント*2

動作は軽いものの、ビットマップの数が多くなったりエフェクトを多用したりすると、描画にもたつきが出てきます。適宜レイヤーをグループ化したりページを分けたりすることで、解消することができます。

の期待が集まっているという証拠ではないでしょうか。

図3 テンプレートやプラグインなど、Sketchのあらゆるリソース情報が集まるSketch App Sources（http://www.sketchappsources.com）

こうした幅広いコミュニティにより、グラフィックを作成するデザイナーだけでなく、エンジニアにも使いやすいツールになっています。

Column

意外にも多いSketchユーザー

CSS HatやAvocodeなどの開発元Piffle社が、意外な調査結果を2014年5月に発表しました。図4はスクリーンデザインに使われているアプリを調査したものですが、それによるとPhotoshopが最も多く、次点がSketchとなっており、逆にIllustratorを使っている割合は低いという調査結果が出ています。調査自体にかなり偏りがあることは否めませんし、日本の状況がこのまま当てはまるわけではありませんが、意外にも多くのユーザーがSketchを使っていることがわかります。

スマートフォンのモックアップデータなどのリソースが、Sketchファイルで配布されはじめた理由は、こういうところからもうかがうことができますね。

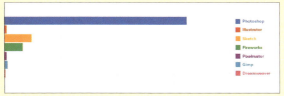

図4 Things You Will Love About Avocode（https://medium.com/@helloiamvu/5-things-you-will-love-about-avocode-e84699fd0321）

Sketchの特徴的な機能

　Sketchは、マルチアートボードやレイアウトグリッドの表示、1つのソースから複数の解像度やファイル形式で書き出せる機能など、スクリーンデザインで必要な機能を網羅しつつ、既存ツールの便利な部分も積極的に取り込んでいます。こうしたSketchの特徴的な機能を、簡単に紹介していきましょう。

レイアウトグリッド

　名前の通り、レイアウト作業では非常に便利な機能です。Bootstrapをはじめとした CSS フレームワークで使われる、コンテンツ幅を任意幅のブロックに分割して使うグリッドシステムと同等のグリッドを表示できます 図5 。

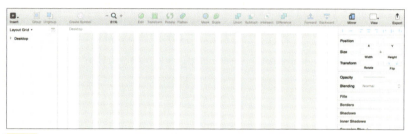

図5　960pxを12分割する設定で表示したレイアウトグリッド

Make Grid

　選択しているレイヤーを、格子状に整列したり複製したりする機能です 図6 。

図6　垂直方向一列に並んでいるレイヤーを、2列3行に並び替えた

マルチアートボード、マルチページ

Illustratorと同様、カンバス上に複数のアートボードを持つことができます 図7 。ワイヤーフレームやアイコンなど、全体を見通す必要がある作業に便利な機能です。

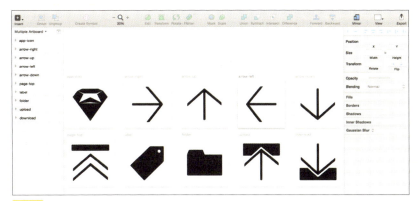

図7 カンバスに複数のアートボードを配置し、アイコンを作成

アートボードごとに座標を持っているため、ルーラーやガイドライン、グリッドの設定などは、それぞれで設定することができます 図8 図9 。

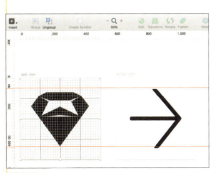

図8 左のアートボードには、水平のガイドラインが2本設定されている

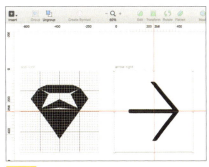

図9 すぐ右のアートボードを選択すると、このアートボードで設定しているセンターで交わるガイドラインが表示される

また、複数のページを持てるため、ページ内に複数のアートボードを配置して画面の遷移を説明し、デザインテーマを切り替えたものをページで管理する、といった使い方も可能です。

柔軟な書き出し設定

1つのレイヤーに対し、複数の書き出し解像度やファイル形式を設定すること

ができます。例えば、SVGとそのフォールバック用PNGを同時に書き出す、といったことが可能です。複数の解像度を書き出す設定にした場合、接尾辞も自動で付与されます 図10 。

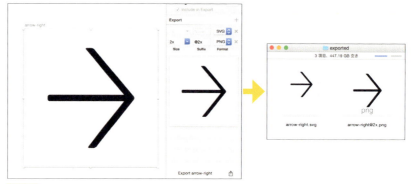

図10　SVGと高解像度のPNGの2つのファイルを書き出す設定をアートボードへ適用し、書き出しを実行した結果

シンボル

　Illustratorのシンボルに相当する機能です。レイヤーをシンボルとして定義することで、ドキュメント内での使いまわしをしやすくします。シンボルの内容を変更すると、ドキュメント内に配置しているすべてのシンボルへ変更が反映されます 図11 。

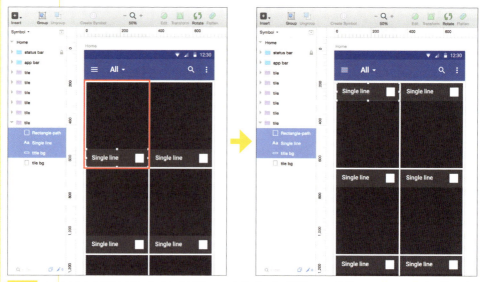

図11　タイル（左赤枠部分）をシンボルとして定義し、アートボードへ6つ配置している状態。タイルのタイトルを下側から上側に移動すると、すべてのシンボルへ変更が反映される

ただし、Illustratorのようなインスタンスという考え方はなく、配置したシンボルの大きさを変更して使うといったことはできません。

共有スタイル、テキストスタイル

Illustratorのグラフィックスタイルに相当する機能です[3]。塗りや線、ドロップシャドウなどの設定を共有スタイルとして登録しておき、使いまわすことができます。共有スタイルを適用しているレイヤーの設定を変更すると、同じスタイルを適用しているレイヤーにも反映されます 図12 。

> **ヒント*3**
> テキストレイヤーはテキストスタイルとして共有化されますが、使い方は共有スタイルと同じです。

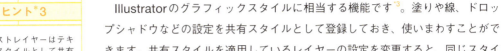

図12 　両方のステータスバーの背景色に共有スタイルを適用している状態。左側のステータスバーの色を青から黒へ変更すると、選択していない右側のステータスバーの色も変更される

レイヤーのフィルタリング

Photoshopにも同様の機能がありますが、検索ボックスに入力した文字列を含んでいるレイヤーを、レイヤーリスト上で絞り込むことができます。その状態からレイヤーを選択できるため、特定の名前のレイヤーをまとめて変更する場合などに便利です 図13 。

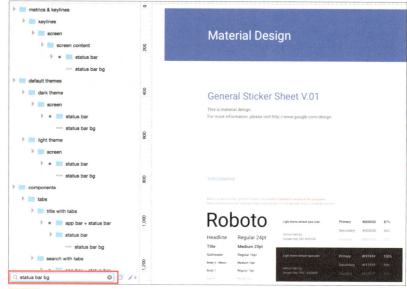

図13「status bar bg」でフィルタリング

Sketchを使う上で気を付けたいこと

ローカライズが行われていない

　Sketchはローカライズが行われていないため、メニューからメッセージに至るまで、英語と付き合うことになります。しかし、幸いにも機能が絞り込まれていることもあって、使っていくうちに何がどこにあるのかは覚えやすく、次第に慣れてくるでしょう。また、ツールバーのカスタマイズやショートカットなどを設定すれば、英語をそこまで意識することなく使うことができます。

日本語の扱いが弱い

　Illustratorにあるタブストップや合成フォントなど、高度な文字編集機能はありません。英語圏のアプリであるため、特にアジア圏特有の縦組みなどの事情には配慮されていません。凝った文字組みが必要であれば、IllustratorやInDesignで作成したものを読み込むなどの工夫が必要です。

　ただ、手の込んだカンプを作成する機会が減ってきている現状を考えると、こ

の問題はそれほど大きくないといえます。

互換性に注意が必要

先述の通りOS Xのフレームワークをフル活用しているため、Sketch自体を他のプラットフォームへ移植することは難しいようです。

- 公式サイトのFAQより（http://www.bohemiancoding.com/sketch/support/faq/02-general/5-windows.html）

> Sketch relies on a lot of technology that is exclusive to OS X and the fact that no other OS provide a clear business model for software development, we're not considering supporting it.

また、保存形式が独自のものなので、作成したデータをそのまま他のアプリで利用できません。編集可能なデータを第三者へ渡す場合は、SVGやPDFなど他の形式を使う必要があります。しかし、作成したデータが100%再現されない場合もあるため、共同で作業を進める際は、事前にSketchを利用してもいいか確認しておきましょう。

スクリーン以外のデザインには向いていない

扱える単位がピクセルのみのため、絶対的な単位を使う印刷物や製図などには向きません。アートボードのプリセットには、プリントメディア用のサイズが用意されているのですが、あくまでもPDFにする際の基準であると割り切っておきましょう。

Sketchの使い方

ここからはSketchを使って、実際の作業にあわせた具体的な使い方を見ていきましょう。

Sketchの基本

ドキュメント内の構造

まずはドキュメント内の構造を解説しておきましょう。

ドキュメント内の最も大きな括りがページです。Sketchでは複数のページを持つことができます。全ページでパーツを共有化するマスターページのような機能はありませんが、デザインのパターンで分けたり、3-2で解説しているバージョン管理（P.77参照）のために利用したりすることも可能です。そのページにはカンバスがあります。ページとカンバスは一対になっているため、ページ＝カンバスと考えても差し支えありません 図14 。

図14　Sketchのドキュメント構造の概略図

カンバスに対してオブジェクトを配置していきます。Sketchではカンバス上にあるシェイプをはじめグループやアートボードも含め、すべてのオブジェクトをレイヤーとして扱います。

アートボードに関しては、ワイヤーフレームやユーザーインターフェースなどでスクリーンサイズが決まっている場合はアートボードを使う、パーツの作成であればアートボードを使わずに作業を進める、といった使い分けが可能です。

レイヤーの操作

　SketchにはIllustratorのような「選択ツール」がありません。特定のツールに切り替えていない場合が、選択ツールに該当します。矩形や楕円などのレイヤーを描画する際は、[Insert]メニューから該当するツールに切り替えて、カンバスまたはアートボード上でクリックやドラッグをします図15。

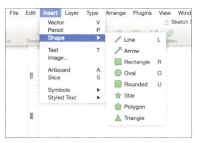

図15　Insertメニューからツールに切り替えてアートボードへ挿入する

　レイヤーには、シェイプレイヤーであればパスを、ビットマップであればビットマップを編集する「編集モード」があります。対象のレイヤーをダブルクリックするか、選択した状態でreturnキーを押します。編集モードに移行すると、例えばシェイプレイヤーであればアンカーポイントが表示されます図16。

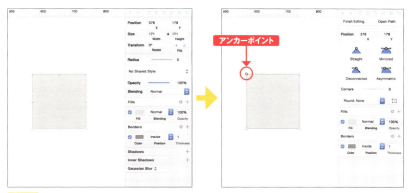

図16　シェイプレイヤーをダブルクリックして編集モードに切り替える。矩形の四隅にアンカーポイントが表示され、インスペクタの内容も切り替わる

カンバス上の表示

　[View]メニューの[Canvas] - [Show Smart Guides]にチェックマークが付いている状態でレイヤーを移動すると、位置や周りのレイヤーとの距離などの情報が表示されます。配置済みのレイヤーとの間隔も表示されるため、スマートガ

143

イドを有効にしておけば、数値を細かく制御することなく、レイアウト作業を素早く行うことが可能です図17。

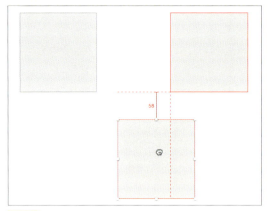

図17　レイヤーをドラッグすると、スマートガイドが表示される

また、レイヤーを選択した状態で、option キーを押しながらマウスポインタを他のレイヤーへ動かすと、選択しているレイヤーとの距離を測ることができます図18。

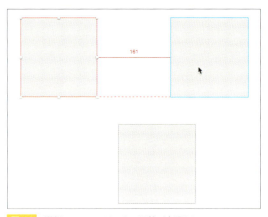

図18　選択しているレイヤーとの距離が表示される

ただ、スナップが強めに利いてしまうため、微調整がしにくくなる場合があります。そのときは、command キーを押しておくと一時的にスマートガイドを無効化できます。

ピクセルとベクトルのレンダリング切り替えは、[View] メニューの [Canvas] - [Show Pixels]（ショートカットキーは control ＋ P キー）で行います。基本的にはチェックマークを付け、ピクセルレンダリングにしておけばいいでしょう。

ピクトグラムを作る

まずは、Chapter 3の「歯車マークを作る」と同じような歯車を作り、書き出しまでやってみましょう。

アートボードの設定

[Insert]メニューの[Artborad]を選択します（ショートカットキーは A キー）。ウィンドウの右側にアートボードのプリセットが表示されるので、[Mac Icons]の中にある[512]をクリックし、512px四方のアートボードを作成します。アートボード名をダブルクリックして、名前を「icon-gear」に変更しておきます 図19 。

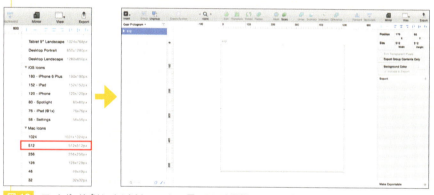

図19　アートボードプリセットからMacアイコン用の512を選択し、アートボードを作成

ルーラーが表示されていない場合は、[View]メニューの[Canvas] - [Show Rulers]をクリックしてルーラーを表示してください（ショートカットキーは control ＋ R キー）。アートボードの中央にあたる、256px部分をルーラー上でクリックしてガイドラインを引きます 図20 。

図20　ルーラーの256px地点をクリックし、ガイドラインを挿入

レイヤーを挿入してサイズ調整

　[Insert]メニューの[Shape] - [Oval]をクリックし（ショートカットキーは[O]キー）、カンバス上でドラッグし適当な大きさの円を描きます 図21 。[shift]キーを押しておくと、幅・高さの比率を保ったまま描画することができます。Width・Heightとも410pxに調整してください。大きさはインスペクタへ直接数値入力してもいいですが、[command]キーとカーソルキーで1pxずつ、[shift]キーを併用すると10pxずつ変更することも可能です[*4]。

> **ヒント*4**
> インスペクタの座標や大きさのテキストボックスでは、数値に続けて計算式を入力すると数値を計算してくれます。

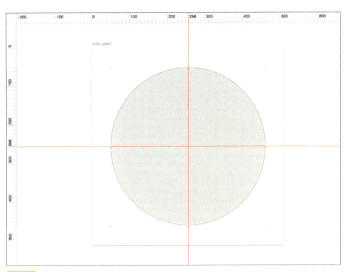

図21　410px × 410pxの円を作成

　[Edit]メニューの[Duplicate]をクリックして円を複製し（ショートカットキーは[command]＋[D]キー）、下に40px、右に40pxずらし、幅・高さとも-80pxの大きさに変更します 図22 。

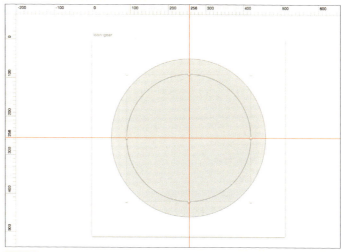

図22　複製して80px小さくする

パスの結合を使って本体を作成

　Illustratorでいうパスファインダを使って、ドーナツ状のオブジェクトを生成します。

　円2つを選択し、[Layer]メニューの[Combine]-[Subtract]をクリックすると（ショートカットキーは command ＋ option ＋ S キー）、背面のレイヤーを前面のレイヤーで抜いたドーナツ状のレイヤーが生成されます 図23 。

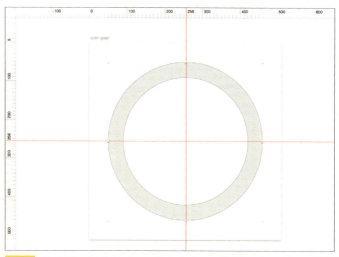

図23　円を結合して、中をくり抜いた図形を作成

　レイヤーリストでは、生成されたレイヤー名の左に三角のマークが表示され、

クリックして展開すると結合の元にしたレイヤー2つが表示されます。Sketchでの結合は1つのパスに統合されることなく、元のレイヤーをそのまま保持し、再編集が可能です（デフォルトでIllustratorでいう複合シェイプになります）。また、レイヤー名の右にあるアイコンは結合タイプを表すもので、クリックすれば別の結合タイプへ変更することができます図24。

図24　結合した円はそれぞれ再編集可能。結合方法も自由に変更できる

回転コピーでスポークを作成

　［Insert］メニューの［Shape］-［Rectangle］をクリックして（ショートカットキーはRキー）、スポークにあたる部分を作成します図25。円の中央に矩形の左端を合わせ、また円の上下中央にそろうよう移動します。位置の調整には、スマートガイドをうまく活用しましょう。

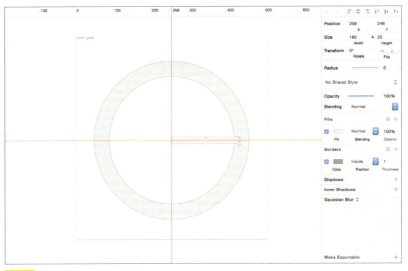

図25　スポークの元になる矩形を配置

　この矩形を回転コピーするため、［Layer］メニューの［Paths］-［Rotate

Copies] をクリックします。スポークを3本にしたいので、シートダイアログが表示されたらコピーする数へ「2」を入力して [OK] をクリックします 図26 。

図26 メニューからRotate Copiesを選択し、コピーする数を入力する

[OK] をクリックすると、矩形の中央から回転軸を調整するハンドルが表示されるので、白い円をドラッグしてY字になるように移動します 図27 。位置を調整できたら、returnキーを押して確定すると、パスが合体された状態になります。

図27 回転コピーの中心を指定するハンドルを、アートボードの中央へ移動する

先ほどのドーナツ状の円とY字にした矩形を選択し、[Layer] メニューの [Combine] - [Union] をクリックして（ショートカットキーは command + option + U キー）合体させましょう 図28 。

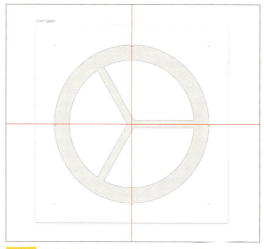

図28 本体とスポークを合体する

回転したレイヤーの処理

オブジェクトを選択した状態でダブルクリックまたは[return]キーを押すと、結合したレイヤーを個別に編集できるようになります。回転コピーで生成したスポーク部分を選択してインスペクタを見ると、[Transform]の[Rotate]に数値が設定されていることがわかります図29。

図29 TransformのRotateへ数値が入力されて、レイヤーが回転していることがわかる

SketchはIllustratorのようにアピアランスで非破壊の変形をすることはできませんが、レイヤー自身が変形の情報を持っているため、回転していても回転していない状態と同様にサイズを変更することができます図30。先ほどの歯車マークであれば、スポーク部分を少し細くしたいという修正でも、問題なく対応可能です[5]。

> **ヒント[5]**
> 変形した状態で確定したい場合は、[Layer]メニューの[Paths]から[Flatten]を適用すると、変形した状態でパスの再定義が行われ、バウンディングボックスをリセットすることができます。

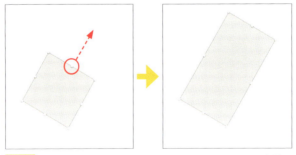

図30 レイヤーと同様にバウンディングボックスも回転するため、回転前と同様に扱うことができる

角丸を使って歯を作成

続けて歯を作成します。Rectangleツールで適当な大きさの矩形を作成します。編集モードへ切り替え、外側にあたる部分のアンカーポイントを少し内側へ寄せ、台形に変更します図31。

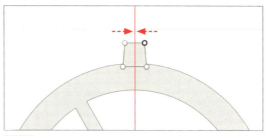

図31　編集モードでアンカーポイントを移動する

形状を変更したら角丸を適用します。インスペクタの[Radius]へ数値を入力しましょう図32 [*6]。

> **ヒント*6**
> [Radius]へ「8/0/0/8」とスラッシュで区切って入力すると、左上から時計回りで個別に値を適用できます。

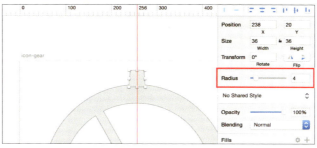

図32　Radiusへ数字を入れ、角丸を適用した

角丸を適用したらレイヤーを円の外側へ配置し、回転コピーで歯が20歯になるようにコピーします図33。

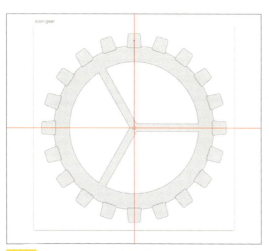

図33　Rotate Copiesで歯を一気にコピーする

すべてのレイヤーを選択し、[Layer]メニューの[Combine]-[Union]をクリックすると（ショートカットキーは command + option + U キー）、歯車の完成です。

書き出し設定

　Sketchでの書き出しは、スライスレイヤーを用いる方法と、書き出し設定をレイヤーへ適用する方法の2つがあります。

　スライスレイヤーは書き出す範囲を任意で設定し、背景色や書き出し範囲をコントロールできます。スライスレイヤーを挿入するには、[Insert]メニューの[Slice]をクリックし、カンバス上でドラッグします。または、スライスツールへ切り替えたのち、既存のレイヤーにマウスポインタをあわせてハイライトされた状態でクリックすれば、レイヤーサイズに合わせたスライスレイヤーを挿入することもできます 図34 。

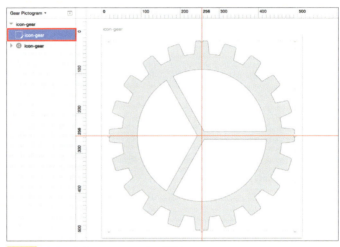

図34　歯車の大きさでスライスレイヤーを設定

　一方、レイヤーへの書き出し設定は、背景や書き出し範囲のコントロールはできませんが、レイヤー自体の大きさや位置が変わっても編集し直す必要がないという利点があります。書き出し設定を適用するにはレイヤーを選択し、インスペクタの最下部にある[Make Exportable]をクリックします 図35 。

図35　ウィンドウ右下にあるMake Exportableをクリックすると、レイヤーにナイフマークが表示される

　書き出し設定を適用しているレイヤーには、レイヤーリストでナイフマークが表示されます。また書き出し設定は、レイヤーごとに設定されるため、複数のレイヤーを1つのファイルとして書き出すには、グループ化をしておきましょう。

続けてスライスや書き出し設定の内容を見ていきましょう。スライスレイヤーや書き出し設定をしたレイヤーを選択すると、インスペクタに設定が表示されます 図36 。

- スライスのインスペクタ

- Make Exportableのインスペクタ

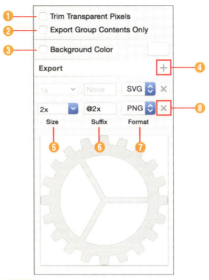

図36　スライス用のインスペクタ

❶ [Trim Transparent Pixels] は、スライスの範囲にある余分な透明ピクセルをトリミングします。(スライスレイヤーのみ)

❷ [Export Group Contents Only] は、スライスレイヤーがグループに含まれている場合に有効になります。チェックマークを付けると、グループに含まれているレイヤーのみを書き出します。(スライスレイヤーのみ)

❸ [Background Color] は、文字通り背景色を設定します。(スライスレイヤーのみ)

❹ [+] アイコンは、書き出し設定を追加し、一度の書き出しで複数のパターンで書き出しできるようになります。

❺ [Size] は書き出し時の画像の大きさを指定します。Nx（Nは数字）は倍率で、2xであれば2倍の大きさで書き出しを行います。Nwは幅・Nhは高さで、512wと指定すれば幅を512pxにリサイズして書き出しを行います。

❻ [Suffix] は接尾辞でファイル名の最後に付与する文字列です。[Size] に応じて自動的に入力されますが、任意で指定することもできます。

❼ [Format] は書き出すファイルフォーマットです。プルダウンメニューの中から選択します。

❽ [×] アイコンは書き出し設定を削除します。

❾ [ナイフ] アイコンは、現在の設定をスライスレイヤーへ変換します。(書き出し設定のみ)

書き出しを実行するには、[File] メニューの [Export...] をクリックします (ショートカットキーは command + shift + E キー)。書き出し可能なレイヤーの一覧から、書き出すレイヤーを選択するシートダイアログが表示されます図37。書き出ししたいものにチェックマークを付け、[Export] をクリックしたのち、書き出すフォルダを選択すれば完了です。

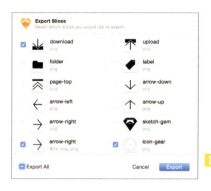

図37　メニューからExportを選択すると、書き出し可能なレイヤーの一覧が表示される

また、スライスレイヤーや書き出し設定を適用しているレイヤーを選択(複数可)し、インスペクタ最下部の [Export Layers] をクリックしても書き出すことができます。この場合は、選択しているレイヤーのみを書き出しすることができます図38。

ファイル名はスライスレイヤー、または書き出し設定をしているレイヤー名です。レイヤー名に「/(半角スラッシュ)」を含めると、フォル

図38　書き出しできるレイヤーを選択すると、[Make Exportable] が [Export] ボタンに変わる

ダを生成して(すでにあればその中へ)書き出すこともできます。レイヤー名が「img/export-img」、Format を PNG と SVG に設定している場合、書き出しフォルダに img フォルダを作成し、その中に export-img.png と export-img.svg を書き出します図39。

図39　書き出し名に「/」を含めると、フォルダを作成して書き出しできる

ワイヤーフレームを作成する

続いて、Webサイトの検討に使うワイヤーフレームを作成してみましょう。

まずは、アイコンと同じくアートボードを作成します。[Insert]メニューの[Artborad]をクリックし（ショートカットキーは A キー）、ウィンドウ右側のリストから[Responsive Web Design]のラベルの部分をクリックすると、そのグループに含まれるプリセットすべてを挿入できます 図40 。

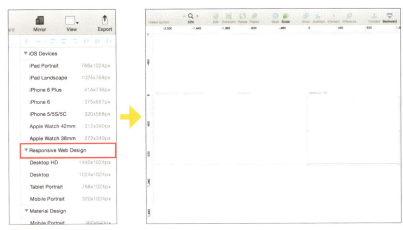

図40 グループをクリックすると、そこに含まれるアートボードすべてを挿入できる

アートボードを作成したら、Mobile Portraitから作成していきましょう。

レイアウトグリッドを設定する

[View]メニューの[Canvas]から[Show Layout]（ショートカットは control + L キー）を選択し、レイアウトグリッドを表示します。デフォルトでは12分割されたグリッドが表示されるため、まずは使いやすく設定を変更しましょう。

[View]メニューの[Canvas] - [Layout Settings...]をクリックすると、レイアウトグリッドの設定ダイアログボックスが表示されます 図41 。

[Columns]の項目が縦方向のグリッド、[Rows]が横方向のグリッドです。今回は[Columns]のみ解説します。

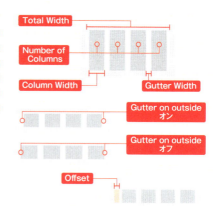

図41 [Layout Settings]ダイアログボックス

❶ [Total Width]はグリッドを分割するための基準となる幅です。
❷ [Offset]はグリッドの開始位置を左端からずらすための値です。右隣の[Center]をクリックすると、レイアウトグリッドをアートボードのセンターへ寄せることができます。
❸ [Number of Columns]はグリッドの分割数です。値を入力すると[Gutter Width]や[Column Width]が自動的に計算されます。
❹ [Gutter on outside]はTotal Widthの両端へグリッドの余白の有無を設定する項目です。チェックした場合、次の[Gutter Width]の半分の値が余白として設定されます。
❺ [Gutter Width]はグリッド間の余白の大きさを設定します。
❻ [Column Width]はグリッド自体の幅を設定します。

ここでは、[Number of Columns]へ「4」、[Gutter Width]へ「20」と入力し、[OK]をクリックすると、図42のようなレイアウトグリッド[*7]を設定できます。

図42 320pxを4つのグリッドで分割

ヒント*7

レイアウトグリッドへのスナップも強く利くため、[View]メニューの[Canvas]-[Show Smart Guides]によるオン／オフや command キーによる一時解除(P.144参照)と併用して、スナップを制御しましょう。

Content Generatorを活用する

入れる内容がまだ決まっておらず、ダミーでテキストやイメージを挿入する場合は、Content Generatorプラグインを活用しましょう。プラグインの紹介やインストール方法は、5-4で紹介します。

[Insert]メニューの[Text]をクリックし、アートボードの適当な位置でクリッ

クし、テキストレイヤーを挿入します。Widthを300pxに設定し、[Plugins]メニューの[Content Generator Sketch Plugin]→[Text]→[Dummy text]から[Lorem]の[Generate]をクリックすると、テキストレイヤーへダミーテキストが挿入されます図43。

図43　Content Generatorのメニュー[8]

ヒント*8
Fillerati は不思議の国のアリスや宇宙戦争などの物語から、HipsumとLoremは意味のない文章「Lorem Ipusum」でダミーテキストを生成します。

見出しに使う場合はテキスト量が多すぎるので、適当に削除してください。[Generate]ではなく[Replace]をクリックすると、テキストレイヤーに入力済みの文字数に合わせて、ダミーテキストを挿入できます。

イメージを挿入する場合は、[Photos]から挿入できます。人物は[Music Artist]から、それ以外は[Nature and urban]で挿入しましょう。

イメージは塗りのパターン（Perttern Fill）として挿入されるため、レイヤーサイズを変更しても画像やマスクを調整する必要はありません。

レイヤーのサイズ指定

インスペクタの[Position]と[Size]は、パーセンテージで入力ができます。[Width]であればアートボードやグループのWidthに対して、[Height]であればアートボードやグループのHeightに対しての割合で計算がなされます。例えば、Widthに80%と入力すれば、アートボードが320pxであれば256pxに、960pxであれば768pxの大きさにすることができます。モバイルでは固定ではなく割合で位置や大きさを決めることが多いため、覚えておくと便利です図44。

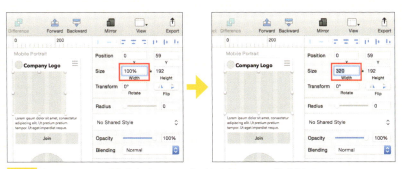

図44　Widthへ100%と入力すると、アートボードサイズの320pxが入力される

テキストスタイルを設定する

　テキストスタイルは、スタイルシートのようにフォントやサイズ、色などを共有化するための機能です。スタイルを適用しておけば、一部を変更するだけで、すべてのレイヤーへ変更を反映できるため、特に共通のパーツが多い場合に有効です。共有化される内容は、インスペクタにあるテキストスタイルのリストより下にある項目です。

　テキストスタイルの作成は、共有化したいテキストを選択し、[Layer] メニューの [Create Shared Style] をクリックします。インスペクタの「No Text Style」の部分がテキストボックスに変わり、テキストスタイル名を入力できるようになるので、適切な名前を付けましょう 図45 。

図45　テキストスタイル名を入力

　また、テキストスタイルが少ないうちは問題ありませんが、数が増えると目的のスタイルを見つけにくくなってしまいます。テキストスタイル名に「/（スラッシュ）」を含めると、[Insert] メニューの [Styled Text] を階層化することができるため、目的のスタイルを探しやすくすることができます。例えば、「headline/h1」と「headline/h2」というテキストスタイルを作成すれば、「headline」というグループの中に「h1」と「h2」が格納されます 図46 。

図46　テキストスタイル名に「/」を含めると、Insertメニューを階層化できる

　ワイヤーフレームであれば、見出し数種類と段落、小さい文字程度をテキストスタイルとして登録しておけばいいでしょう。

繰り返しのオブジェクトを Make Grid で作成する

Make Grid は、選択しているレイヤーを格子状に整列したり複製したりする機能です。同じパターンで繰り返し配置するオブジェクトは、この機能を使って作成するといいでしょう。

複製したいレイヤーを選択し、[Arrange] メニューの [Make Grid...] をクリックします。整列したい場合は、整列させたい複数のレイヤーを選択して実行してください 図47 。

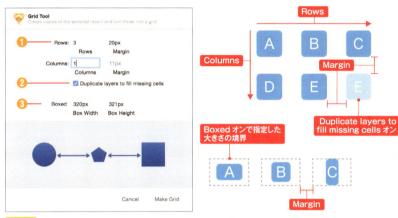

図47　Make Grid のシートダイアログ

❶ [Rows] は横方向、[Columns] は縦方向へ複製する数、それぞれの [Margin] は、オブジェクト同士の間隔です。

❷ [Duplicate layers to fill missing cells] は、選択しているオブジェクトが指定した個数（Rows × Columns）に満たない場合、足りない部分を複製して補うかを決めるオプションです。今回のように繰り返しでコピーする場合はチェックマークを付け、整列させるだけの場合はチェックマークを外しましょう。

❸ [Boxed] にチェックマークを付けると、指定した大きさのボックスを基準に複製／整列がなされます。

このようにワイヤーフレームであれば、Content Generator プラグインと Make Grid の使い方を把握しておけば、組み上げ作業はさほど時間をかけずに完了することができきます 図48 。

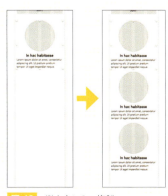

図48　縦方向に3つ複製

アプリ UI デザイン

　Sketchの得意分野である、アプリUIデザインを説明しましょう。今回は、デフォルトでインストールされている、UIデザイン用のテンプレートを使って進めていきます。

　[File] メニューの [New From Template] - [iOS UI Design] をクリックすると、iOS（iPhone 6用）のUIパーツ[9]がシンボル化されているテンプレートファイルを開くことができます図49。

> ヒント[9]
> GoogleのMaterial Design用のテンプレートも用意されています。

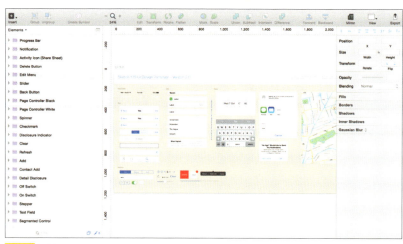

図49　最初からインストールされているiOS UI Designを利用して新規作成する

　まずは、新しくページを追加します。レイヤーリストの最上部に、現在のページ（Elements）が表示されるので、その右にあるアイコンをクリックします。すると、ページリストが表示されるので、[＋] アイコンから新しくページを追加してください図50。

> ヒント[10]
> 使用する色や効果などがすでに決まっている場合は、共有スタイルへ登録しておきましょう。レイヤーを選択し、[Layer] メニューの [Create Shared Style] を選択すれば、共有スタイルとして登録できます。共有化される項目やメニューの階層化などはテキストスタイルと同様です。

図50　新しいページを追加

　追加したページを「UI」という名前にしたら、iPhone 6のサイズでアートボードを作成し、画面の基本となる最低限必要なUIパーツを「Elements」ページからコピー＆ペーストしていきます[10]。今回はステータスバーのみをコピー＆ペー

ストしました。

　パーツの配置が終わったらアートボードを選択し、Make Gridで必要な画面数を複製しましょう。複製時は、少し広め（200〜300px）にMarginを取っておいてください図51。

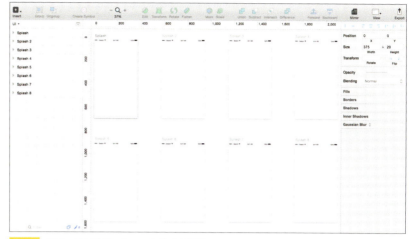

図51　Make Gridを使って、アートボードを複製

シンボル

　テンプレートにはボタンのみのシンボルがないため、「Activity Sheet」シンボルにあるCancelボタンを利用して、新しいボタン用のシンボルを作成します。

　「Elements」ページにある「Activity Sheet」を、「UI」ページへコピー＆ペーストします。レイヤーリストの最下部にある[Filter]テキストボックスへ「activity sheet」と入力すれば、リスト上で絞り込むことができます図52。

図52　レイヤーリストのFilterを使えば、レイヤーを絞り込むことができる

　コピー＆ペーストしたら、インスペクタのシンボルリストの最上部にある[No

Symbol］を選択すると、シンボルとのリンクを解除して自由に編集できるようになります図53。［Arrange］メニューの［Ungroup Layers］（ショートカットキーは command ＋ shift ＋ G キー）をクリックしてグループ化を解除してから、「Cancel」グループレイヤー以外を削除してください。

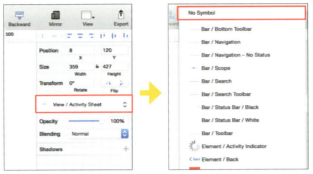

図53　インスペクタにある、シンボルリストから［No Symbol］を選択し、シンボルとのリンクを解除

　「Cancel」グループレイヤーを選択し、［Layer］メニューの［Create Symbol］をクリックしてシンボルに名前を付けましょう。続けて、グループレイヤー内の「Cancel」テキストレイヤーを選択し、インスペクタに表示される［Exclude Text Value from Symbol］にチェックマークを付けます図54。

　シンボル内でこの項目が有効になっているテキストレイヤーは、変更が他のシンボルへ反映されなくなるので、ボタンやタブなどラベルのみを変更して使いまわしたいオブジェクトに有効です。

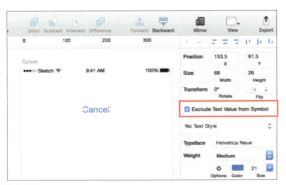

図54　シンボル化したレイヤーのテキストを選択し、Exclude Text Value from Symbolにチェックマークを付ける

アートボードのネスト

　SketchはIllustratorと同様に、アートボード内にアートボードを配置することもできます。これを画面遷移図の作成に利用してみましょう。

> **ヒント*11**
>
> 今回のように他のアートボードを覆うようなアートボードを作成した場合、その下にあるレイヤーを選択できなくなってしまいます。[Arrange]メニューの[Move To Back]をクリックして、アートボードを最背面へ移動しておきましょう。

[Insert]メニューの[Artboard]をクリックし、すべてのアートボードを含めるようにアートボードを作成します 図55 *11。

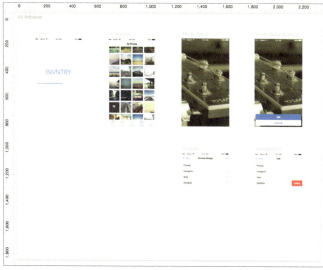

図 55 全体を囲むアートボードを作成

[Insert]メニューにある[Vector]や[Shape]-[Line]で遷移の矢印やテキストレイヤーを使って、アクションを記載していきます 図56。

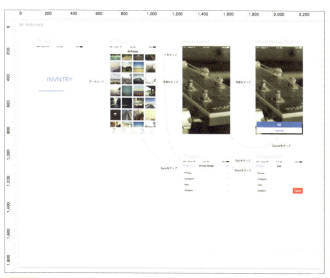

図 56 画面UIを使って遷移図を作成する

パスを矢印にするには、オープンパスを選択し、[インスペクタ]の[Borders]にある歯車アイコンをクリックし、[Start Arrow]または[End Arrow]から矢

印の形状を選択してください図57。線を太くすると矢印がつぶれてしまうので、1pxで使うことをおすすめします。

図57　歯車アイコンからパスの端を矢印にするオプションを設定できる

一通りの説明[*12]を入れたら、[File]メニューの[Export Artboards to PDF]をクリックすれば、すべてのアートボードを1つのPDFとして書き出すことができます。また、それぞれのアートボードで書き出し設定を適用しておけば、個別に指定したファイル形式で書き出すことも可能です図58。

ヒント*12
説明のレイヤーをすべてグループ化しておけば、表示/非表示を簡単に切り替えることができます。

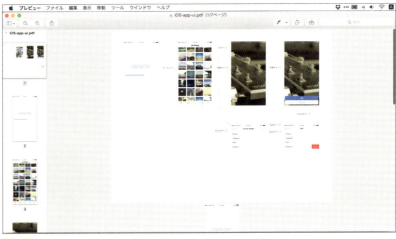

図58　Export Artboards to PDFで、1つのPDFとして書き出した。UIデザインと遷移図がまとまっているのでわかりやすい

　画面遷移の検討では、あとで紹介するinVisionをはじめとしたプロトタイピングツールを使う方法もありますが、PDFであれば手早く簡単に共有できる利点があります。プロトタイピングツールを使う前に、認識のずれを少なくするという意味でも有効でしょう。

他のアプリと
データをやり取りする

過去のデータや支給されたデータをSketchで使う、またはその逆もあるでしょう。ここでは、代表的なアプリ間でのデータの利用や、汎用ファイルフォーマットの読み込みについて検証していきます。

Illustratorとのやり取り

ファイルの読み込み

IllustratorファイルをSketchで読み込んだ場合、1枚のビットマップレイヤーとして読み込まれます[*13]。ビットマップデータとして読み込むには、Illustratorデータの保存時に［PDF互換ファイルを作成］のオプションを有効にしておく必要があります 図60 。

> **ヒント*13**
> Sketchが読み込めるファイル形式は、JPEG、PNG、TIFF、SVG（ただしすべての機能はサポートしていない）、PDF、EPS、AI、PSDです。

図60　Illustratorの書き出しオプション

Sketchのレイヤーリスト上はビットマップレイヤーのアイコンになっていても、元データがベクトルの部分は、解像度に依存しないレンダリングがなされま

す。含まれている画像も元の解像度を保持しており、大きな画像を縮小して挿入している場合は、Sketch側で表示を多少拡大してもピクセルが見えることはありません 図61 。

図61 レイヤーリスト上ではビットマップレイヤーの扱いだが、ピクセルプレビューをオフにすると、右のようになめらかな表示になり、ベクトルで読み込まれていることがわかる。画像も元の解像度を保持している

しかし、ビットマップ編集モード（レイヤーをダブルクリックするか、選択状態で return キーを押す）にした時点で、オリジナルサイズでラスタライズされてしまいます。ベクトルレンダリングされるからといって、読み込んだIllustratorデータを拡大していた場合は、ピクセルが拡大された状態になるので、注意が必要です。

なお、IllustratorではSketchファイルを開くことができません。

コピー＆ペースト

IllustratorからSketchへコピー＆ペーストする場合、[Preferences]ダイアログボックス[*14]の[General]タブにある、[Insert PDF and EPS files as Bitmap Layers]へのチェックマークの有無で、扱いが異なります 図62 。

チェックマークが付いている場合、72dpiのビットマップとして読み込まれます。

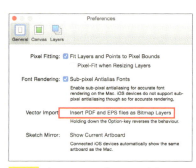

図62 [Preferences]ダイアログボックス

チェックマークが付いていない場合は、ベクトルオブジェクトはベクトルで、ビットマップオブジェクトはビットマップと、元のオブジェクトタイプそのままで挿入されます。ただし、アピアランスは分割された状態になってしまうため、例えば線と塗りを適用したオブジェクトは、線と塗りの2つのレイヤーが生成される、ドロップシャドウ自体がビットマップに変換されるなど、Illustratorで古いバージョンとして保存した状態に近くなります 図63 図64 。

> ヒント*14
> [Preferences]ダイアログボックスを表示するには、Sketchのアプリケーションメニューの[Preferences...]をクリックします。

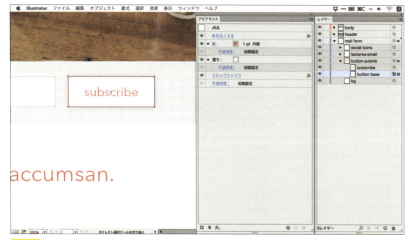

図63　Illustrator上では、矩形パスへ線と塗り、ドロップシャドウ、角丸のアピアランスを適用している

図64　Sketchへペーストすると、アピアランスを分割した状態になる（わかりやすくずらした状態）

　文字関連は、カーニングやトラッキングなどの情報も持ったままペーストできますが、フォントがきちんと適用されない場合があります（日本語の場合、文字化けすることもあります）。また、文字の位置を再現するために、長いテキストの分割やアウトライン化、座標の起点が異なるために位置がずれるなど、Illustratorから取り込んで使うには、修正に少々手間がかかる状態となります図65。

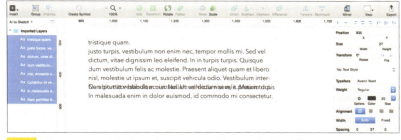

図65　Sketchへペーストすると、テキストボックスのテキストが1行ごとに分割されてしまった

SketchからIllustratorへコピー＆ペーストした場合も、元のオブジェクトタイプそのままでペーストされます。線・塗りの分割や、ドロップシャドウなどのエフェクトのビットマップ化などもIllustratorからSketchへコピー＆ペーストした場合と同じです 図66 。

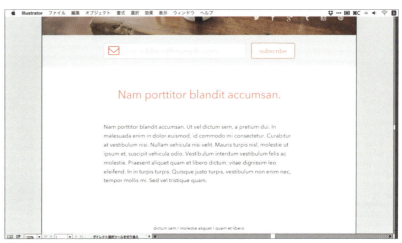

図66 　見た目の再現性は高い

　文字は、複数行のテキストが行ごとに分割されてしまうものの、位置が大きくずれるということはないので再現性は高いといえます。しかし、Sketchのレイヤーごとにクリッピングパスが適用されてしまうため、レイヤー構造が非常に複雑になってしまいます 図67 。

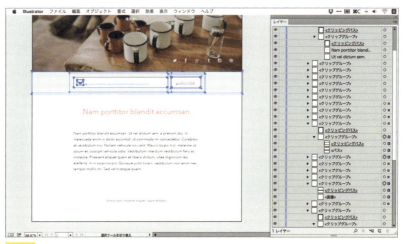

図67 　レイヤーパネルを見ると、複雑な構造になっていることがわかる

　ピクトグラムなど、構造が比較的単純なもののやり取りでは問題ないのですが、レイアウトデータを相互で再編集するという用途での利用は難しいでしょう。

Photoshop とのやり取り

ファイルの読み込み

　PSDファイルをSketchで読み込んだ場合、統合された1枚のビットマップレイヤーとして読み込むため、レイヤー構造を維持したまま利用することはできません。IllustratorファイルはベクトルBUTでしたが、PSDファイルは通常のビットマップ扱いです 図68 。

図68　統合されたビットマップとして読み込まれたPSDファイル

　また、きちんと統合された状態で読み込むには、保存時にPhotoshop形式オプションの[互換性を優先]にチェックマークを付けておく必要があります 図69 。

図69　Photoshop形式オプション

　ビットマップとして使うのであればこれで問題ありませんが、再編集できるデータが必要な場合は、PSDをいったんIllustratorで開き、[Photoshop読み込みオプション]で[レイヤーをオブジェクトに変換]し、SVGとして書き出すといいでしょう 図70 。

図70　PSDを再編集可能な状態で使うには、一度Illustratorを経由させる

なお、Photoshopでは、Sketchファイルを読み込むことはできません。

コピー&ペースト

PhotoshopからSketchへコピー&ペーストした場合、ビットマップやスマートオブジェクトはビットマップとしてペーストされ、シェイプやパスは[Insert PDF and EPS files as Bitmap Layers]にチェックマークが付いていなければ、EPSとしてインポートされます。ただし、シェイプやパスはインポートされた時点で実体がなくなってしまうため、実質ビットマップとスマートオブジェクトのコピー&ペーストしかできません。

SketchからPhotoshopへコピー&ペーストをした場合、ベクトルスマートオブジェクト[15]として扱われます。ビットマップが含まれている場合でも、元ファイル本来の解像度を失うことはありません。また、ベクトルスマートオブジェクトの編集は、Illustratorで行うことになります。Illustratorで開かれるファイルは、SketchからIllustratorへコピー&ペーストした状態と同じです図71。

> ヒント*15
>
> スマートオブジェクトは、編集機能を維持したまま貼り付けられるPhotoshopの機能です。ベクトルデータの場合はベクトルスマートオブジェクトとなり、Illustratorで編集することができます。

図71 Photoshopへコピー＆ペーストするとベクトルスマートオブジェクトになる

Fireworks

ファイルの読み込み

　Fireworks PNGファイルをSketchで開いた場合、やはり統合されたビットマップとして読み込まれます。逆の場合は他と同じく、開くことができません。

コピー＆ペースト

　ほとんどのオブジェクトは、FireworksからSketchへペーストすることができません。唯一、テキストオブジェクトはビットマップとしてコピー＆ペーストすることができます。

　SketchからFireworksへコピー＆ペーストした場合は、すべてビットマップオブジェクトとして挿入されます。

　どうしてもFireworksのデータを編集可能なデータとして利用したい場合は、[ファイル] - [別名で保存...] から、ファイル形式を [Illustrator 8 (*.ai)] で保存しIllustratorを経由してください。画像や文字の設定などの情報が欠落してしまいますが、ベクトルデータは抽出できるでしょう。

汎用ファイルフォーマットの読み書き

　SketchとIllustratorからSVG、PDF、EPSを書き出し、それぞれで読み込んでどの程度再現されるか検証しました。

SVG

　Sketchから書き出したSVGをIllustratorで読み込むと、複数行のテキストは1行ごとに分割されるものの、文字の設定はきちんと維持されおり、ドロップシャドウなどのエフェクトもSVGフィルターとして再現されます 図72 図73 。

図72　テキストは分割されるものの、座標のずれはない

図73　レンダリング品質が今一歩ながら、SVGフィルターでドロップシャドウが適用されている

　しかし、ビットマップ関連の再現性が低く、SVGのソースコード内では正常な値が設定されているにもかかわらず、座標や大きさがずれたりカラープロファイルが間違って適用されたような色になったりと、再編集が必要になる場合があ

ります図74。

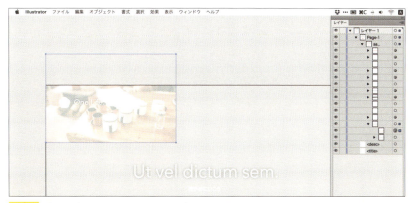

図74 大きさと色がおかしくなったビットマップ

　Illustratorから書き出したSVGをSketchで読み込むと、Illustratorから
Sketchへコピー&ペーストしたものと近い状態で読み込まれます。日本語は文
字化けせずに読み込まれるものの、フォントがヒラギノ角ゴシックになったり、
ドロップシャドウなどのフィルターをビットマップ化したものがずれたりする場
合があります。しかし、コピー&ペーストでは大きくずれていた文字の座標も正
しく読み込めるため、総じて再利用しやすいデータとして使えるでしょう。

PDF

　Sketchから書き出したPDFをIllustratorで読み込んだ場合は、Sketchから
Illustratorへコピー&ペーストした状態と同等です図75。

図75 Illustratorで読み込んだPDF

Illustratorから書き出したPDFをSketchで読み込むと、テキストのずれやマスクの消失など再利用には向かない状態で読み込まれます。プレビュー.appなどでは問題なく表示されているデータでも、Sketchでは正しく読み込めないようです 図76 。

図76　IllustratorでCS存したPDFは、Sketchでの再利用は困難

EPS

　SketchからEPSを書き出した時点で、フォントがアウトライン化されエフェクトもビットマップ化されます。したがってIllustratorで読み込むと、見た目の再現性は100％ですが、再編集は非常に困難なデータになります 図77 。

図77　SketchからEPSを書き出すと、文字がアウトライン化されてしまった

Illustratorから書き出したEPSをSketchで読み込むと、PDFと同じ状態になります。こちらも再現性が低く、再編集をするために使うファイルフォーマットには向いていません。

Sketch と相互で
データをやり取りするには

これまでの結果を踏まえ、再編集が可能な状態で使うには、次の通りにするといいでしょう。

表1 推奨するファイルのやり取り方法

	Sketch で使う	Sketch から他へ
Illustrator	SVG で書き出し	SVG で書き出し（ビットマップは再編集が必要）
Photoshop	Illustrator で［レイヤーをオブジェクトに変換］し、SVG で書き出し	なし（またはコピー＆ペースト）
Fireworks	Illustrator 形式で別名保存	なし

パーツの作成など、内容が複雑ではない作業で利用していれば問題ありませんが、カンプベースのワークフローの場合、現状では相互でのデータ利用は難しいといわざるをえません。

CHAPTER 5

**⑤-4 プラグインでSketchを
もっと便利に**

Sketchはプラグインをインストールすることで、足りない機能を
補うことができます。繰り返しの作業を単純化したりコードを生成
したりと、さまざまなプラグインがあります。ここでは、そのプラ
グインの基本を紹介しましょう。

Sketch プラグインの探し方

Sketchプラグインの多くが、GitHub上でオープンソースとして公開されて
おり、誰でも自由に利用・改変できるようになっています。まとめられた情報と
しては、Bohemian Coding社の開発者が管理している、「Plugin Directory」と
いうプラグインリストがGitHub[16]にあります 図78。

ヒント*16

GitHubは多くのソフト
ウェア開発者が利用して
いるGitホスティングサー
ビスです。ソースコード
を共有して作業したり、
そのまま公開してソフト
ウェアを配布したりする
目的で使われています。

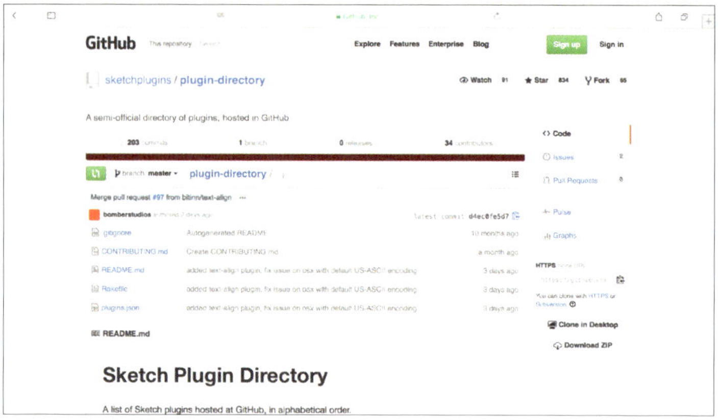

図78 Sketch Plugin Directory (https://github.com/sketchplugins/plugin-directory)

基本的にはこのリストから目的のプラグインを探すことになりますが、探しや
すく整理されているとはいえません。ブラウザの文字検索機能を使うか、後述す
るプラグイン管理ツール「Sketch ToolBox」を使うといいでしょう。

このリストはSketch 2の頃から公開されているもので、3では動作しなかっ
たり、すでに標準機能として実装されていたりするものも含まれています。また、

新世代デザインツール「Sketch 3」の魅力

プラグインの開発者が自発的にこのリストへ登録する必要があるため、すべてのプラグインが掲載されているわけではありません。5-1で紹介した、Sketch App Resourcesのプラグインカテゴリ（http://www.sketchappsources.com/plugins-for-sketch.html）も同時に探したほうがいいでしょう。

プラグインのインストール

まずはファイルをダウンロードします。GitHubで公開されている場合は、画面右下の[Download ZIP]ボタンをクリックすれば、ファイルのダウンロードがはじまります 図79 。

図79 画面右下の[Download ZIP]ボタンからダウンロード

[Plugins]メニューから[Reveal Plugins Folder...]を選択して表示されたフォルダへ、ZIPファイルから解凍したフォルダを移動すれば、[Plugins]メニューへ表示されます。

プラグインファイル（.sketchplugin）のみを移動、またプラグインファイルをダブルクリックしてインストールすることもできますが、プラグインファイル以外に必要なファイルがインストールできないため、プラグインによっては正常に動作しなくなる場合があります。必ず解凍したフォルダごとプラグインフォルダに入れるか、Sketch ToolBoxを使ってインストールを行いましょう。

また、Gitを使っているなら、プラグインフォルダへcloneすれば、pullするだけで簡単にアップデートすることができるようになります。

入れておきたいプラグイン

ここからは、膨大な数のプラグインから、おすすめのプラグインをピックアップしましょう。

Sketch Commands

- https://github.com/bomberstudios/sketch-commands

Bohemian Coding社の開発者が管理しているプラグイン集です。もともとはFireworksのプラグイン集「Orenge Commands」の移植版だったものですが、Sketchに合わせて機能が追加されています。

矩形や楕円のサイズを指定しての描画や、座標や移動距離を指定してのレイヤー移動など、Sketchのちょっと足りない部分を補うプラグインがそろっています。古くからあるプラグイン集なので、現在では標準機能に含まれているものもあるのですが、その場合でもショートカットを設定すれば、格段に作業がしやすくなるでしょう。

Plugin Requests

- https://github.com/sketchplugins/plugin-requests

こちらもBohemian Coding社の開発者が管理しているプラグイン集で、主にユーザーの要望から作成されたものです。頻繁に使うものではありませんが、選択中のレイヤーをSVGとしてクリップボードへコピーしたり、非表示にしているレイヤーをすべて表示したりするといったプラグインがそろっています。

Content Generator

- https://github.com/timuric/Content-generator-sketch-plugin

ダミーを生成するためのプラグインです（P.156参照）。名前やメールアドレスから、顔写真、イメージ写真などのダミーを生成することができます。複数のレイヤーを選択した状態でも実行できるため、ダミーを探したり挿入したりする手間を大幅に減らすことが可能です 図80 図81 。

図80　ダミーを入れるためのレイヤーを準備

図81　プラグイン数回実行し、写真や文字を挿入

Sketch Measure[*17]

> ヒント[*17]
> 執筆時点（2015年1月）では3.3に未対応です。

- https://github.com/utom/sketch-measure

レイヤー間の距離やフォントサイズ、塗りなどの情報を挿入するプラグインで、Illustratorでは有償プラグインのSpecctrに相当する機能を有しています 図82 。

- レイヤー間の距離
- アートボードからの距離
- レイヤーサイズ
- 塗り・線の情報
- フォントの情報
- エフェクトの情報

図82　プラグインでサイズや文字へ設定しているプロパティなどを挿入

RenameIt

- https://github.com/rodi01/RenameIt

レイヤー名をまとめて変更できるプラグインです 図83 。以下の機能があります。

- %Nを入力すると連番が挿入されます。%NNNと入力すると3桁にできます。
- %Wを入力するとレイヤーの幅が挿入されます。
- %Hを入力するとレイヤーの高さが挿入されます。
- +を入力すると、それ以降に入力した文字列を現在のレイヤー名のあとに追加します。
- *は現在のレイヤー名を挿入します。

図83　レイヤー名「icon」で、幅256pxの場合

SpeedGuide for Sketch

- https://github.com/gau/SpeedGuide-for-Sketch

複数のガイドラインを一度に設定できるプラグインです。繰り返しをはじめ、大きさに対する割合（％）での指定や、アートボードの右や下からの位置指定など、面白い機能を備えています。

Plugin Directoryには登録されていないため、手動でインストールしてください。

Color Contrast Analyser

- https://github.com/getflourish/sketch-color-contrast-analyser

選択しているレイヤーと背景、または選択した2つのレイヤーのコントラスト比を計り、W3Cが策定するWeb Content Accessibility Guidelines 2.0（WCAG 2.0）に準拠できているかを判定できるプラグインです。コントラストの確保は読みやすさや使いやすさなどに直結するため、こまめにコントラストを確認しましょう 図84 。

図84　青い背景と白い文字を選択しプラグインを実行。この場合だと大きな文字であれば、達成基準のAAをパスできるコントラストを確保していることがわかる

Color copier

- https://github.com/mfouquet/Color-Copier

選択しているレイヤーの塗りまたは線の色コードをコピーするプラグインです。プラグインを実行し、コードを取得する対象とコードの種類を選択すると、クリップボードに数値がコピーされます 図85 。

図85　取得したい箇所の色とコードの形式を選択できる

Align text baseline

- https://github.com/soutaro/Align-text-baseline-sketch-plugin

文字を矩形で囲うようなオブジェクト（ボタンなど）で、文字の位置を上下の中央に配置するプラグインです。主に日本語OpenTypeフォントでは高さの算出がおかしいため、[Arrange]メニューの[Align Objects]から[Vertically]を適用してもきちんと中央に配置されません。

図86　左は[Align Objects] - [Vertically]で位置をそろえたものの、バウンディングボックスを基準としているため上にずれてしまっている。プラグインを使うと、右のように文字を上下の中央へ配置できる

このプラグインを使うと、テキストレイヤーの高さではなくフォントの情報から数値から算出し、中央へ配置することができます。Plugin Directoryへは登録されていないため、手動でインストールしてください 図86。

Data Parser

- https://github.com/florianpnn/sketch-data-parser

JSONファイル[*18]を読み込み、テキストレイヤーを生成するプラグインです。JSONのオブジェクト名とテキストレイヤー名（接頭辞として$が必要）が一致する場合に、テキストレイヤーを生成しJSONの値を挿入します。元になったレイヤーと同じ場所に生成されるため、実行後にMake Gridなどで整列しましょう 図87。

> ヒント*18
> JSON形式はJavaScriptの記法をベースにしたデータフォーマットです。Webサービスでデータを受け渡したり記録したりする目的で使われています。

```JSON
[
    {
        "name": "Sketch Mirror",
        "OS": "iOS"
    },
    {
        "name": "Sketch Tool",
        "OS": "OS X"
    },
    {
        "name": "Sketch ToolBox",
```

```
        "OS": "OS X"
    }
]
```

❶ JSONのオブジェクト名に＄を付け、テキストレイヤー名を設定しておきます。
❷ 対象となるレイヤーを選択後、プラグインを実行して表示されるテキストボックスへ、JSONコードをコピー＆ペーストして[OK]をクリックします。
❸ 元にしたレイヤーと同じ位置に生成されるため、Make Gridで整列しましょう。

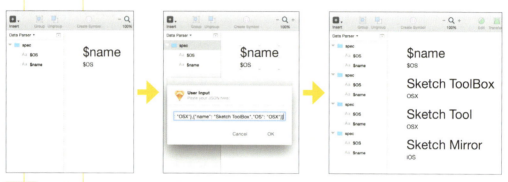

図87　プラグインを使ってテキストを自動挿入

Dynamic button

• https://github.com/ddwht/sketch-dynamic-button

　テキストレイヤーからボタン形状のオブジェクトを生成するプラグインです。テキストレイヤー名に設定している数値から余白を作成します。その数値はスタイルシートでpaddingを設定する要領で、「上：右：下：左」と「：（コロン）」で区切って指定します。テキストレイヤーの大きさが変わっても、再度プラグインを実行すればサイズを即座に調整することができます 図88 。

図88　真ん中のようにラベルが長くなりベースからはみ出ても、下のようにベースとなっているレイヤーサイズを即座に調整できる

5-5 Sketchと連携するアプリ&サービス

プラグインでの拡張に加え、プラグイン管理のアプリやファイルを解析できるコマンドツールなど、SketchやSketchファイルと連携して、Sketch単体ではできない機能を得ることができます。ここでは、それらのアプリやサービスを紹介していきましょう。

Sketch Mirror

Sketchの開発元であるBohemian Coding社がリリースしている、SketchのアートボードをiOSデバイスでプレビューできる有料のiOSアプリです[19]。トランジションやタップ時のレスポンスなどは設定できませんが、Sketchでの編集をほぼリアルタイムで反映するため、作業しながら見た目の調整をすることができます 図89 。

> ヒント[19]
>
> Sketch Mirrorの価格は、執筆時点（2015年4月）で600円です。

図89　Sketch Mirror（http://www.bohemiancoding.com/sketch/features/#mirror）

Sketch Mirrorと接続する

Sketch上でアートボードを作成し、MacとiOSデバイスがネットワークで通信できる状態にするか、iOSデバイスをUSBで直接Macに接続しておきます。Sketch Mirrorを立ち上げSketch側で認識されると、ツールバー右上にある

［Mirror］へ赤いマークが表示されます。［Mirror］をクリックし、接続するiOSデバイスを選択します図90。複数のiOSデバイスを接続することもできます。

図90　Sketch Mirrorが認識されると、ツールバー右上のMirrorに赤いマークが表示される。クリックして接続するiOSデバイスを選択する

赤いマークが付かない場合は、[Mirror]をクリックして表示されるテキストボックスへ、IPアドレス[20]を指定してみましょう図91。

ヒント*20

iOSデバイスのIPアドレスは、Sketch Mirrorの画面下側に表示されています。

図91　Sketchで認識されない場合は、iOSデバイスのIPアドレスを直接指定できる

Sketch Mirrorの操作と設定

Sketchとの接続が成功すれば、iOSデバイスにアートボードが表示されます。左右のスワイプでアートボードを、上下のスワイプでページを変更することができ、画面をタップすれば下部にジャンプメニューが表示されます。ジャンプメニューの左側がページの移動、左側がアートボードの移動です図92。

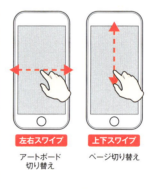

図92　iOS上ではスワイプでアートボードとページを切り替える

Sketchの［Preferences...］の［General］タブにある、［Show Current Artboard］にチェックマークを付けておくと、Sketch上で現在編集しているアートボードを、自動的にSketch Mirrorで表示できるようになります図93。

図93　Sketch Mirrorでの自動表示を有効にする

Skala Preview/Skala View

Sketch MirrorはiOSのみですが、Androidでもプレビューしたい場合は、Skala PreviewとSkala Viewを使うといいでしょう図94。

図94　Skala Preview (http://bjango.com/mac/skalapreview/)

プレビュー表示のためにプラグインを実行するというステップがありますが、Sketch Mirrorにはないグレースケールや色覚特性のシミュレートができるという特徴があります。

アプリとプラグインのインストール

MacはApp StoreからSkala Previewと、Sketch Toolboxを使ってSketch

Previewをインストールし、AndroidへはGoogle PlayストアからSkala Viewをインストールします。

- **Skala Preview**
  https://itunes.apple.com/app/skala-preview/id498875079?mt=12
- **Skala View**
  https://play.google.com/store/apps/details?id=com.bjango.skalaview
- **Sketch Preview**
  https://github.com/marcisme/sketch-preview

Androidでプレビューする

Sketch Mirrorと同じく、同一ネットワーク上へMacとAndroidを接続しておきましょう。MacでSkala Previewを、AndroidでSkala Viewを立ち上げます。Skala Viewのディスプレイアイコンから、接続するMacを選択します 図95 。

図95　ディスプレイアイコンをタップし、接続するMacを選択する

接続するMacを選択すると、Skala Previewでデバイスの接続を許可するかどうかのダイアログが表示されるので、[Allow Connection]をクリックします。接続に成功すると「Connected」と表示されます 図96 。Sketch Mirrorと同様に、複数台の接続が可能です。

図96　Skala PreviewとViewをはじめて接続する場合は、接続を許可する必要がある。許可すれば、Connectedと表示される

Sketchでプレビューしたいアートボードまたはアートボード内のレイヤーを選択し、[Plugins] から [SketchPreview] - [Preview] でプラグインを実行すれば、接続しているデバイスへ表示されます。

プレビュー以外の機能

Sketch Mirrorにはない機能を紹介しましょう。

[太陽アイコン] はデバイスの明るさを調整するスライダーが表示されます。明るさを変更することで、環境光の影響をシミュレートできます 図97。

図97　環境光のシミュレート

[眼鏡アイコン] は色覚特性のタイプを選択し、そのシミュレートができます。上から [フルカラー] [1型2色覚] [2型2色覚] [3型2色覚] [グレースケール] です 図98。

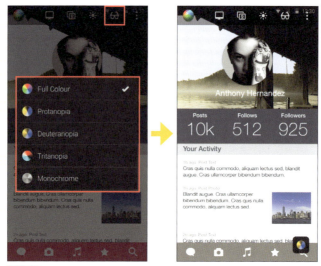

図98 リストから[Protanopia（1型2色覚）]を選択、赤がグレーに近い色になっていることがわかる

SketchTool

　Sketch Mirrorと同じく、Bohemian Coding社が提供するコマンドラインツールです 図99 。Sketch自体がインストールされていない場合でも、ターミナルだけでファイル内の情報の確認や、ファイル内の書き出し設定から書き出しをすることができます（ただし、書き出しにはファイル内で使用しているフォントのインストールが必要です）。

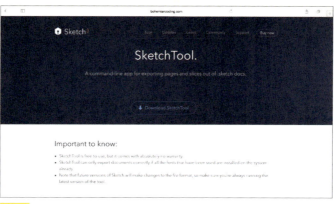

図99 SketchTool（http://bohemiancoding.com/sketch/tool/）

SketchTool のインストール

サイトの［Download SketchTool］をクリックして、ZIP ファイルをダウンロードし解凍します。

［アプリケーション］フォルダの［ユーティリティ］フォルダにあるターミナルを起動して、解凍したフォルダへ移動します。表示されたウィンドウで cd に続けて半角スペースを入力し、解凍したフォルダをドラッグ＆ドロップします。解凍したフォルダまでのパスが入力されたら、return キーを押してフォルダを移動します。

続けて次のコマンドを入力し、return キーを押してインストールを実行します。

```
$ ./install.sh
```

問題がなければ、次のメッセージが表示されます（執筆時点でのバージョンのため、数字部分が異なる場合があります）。

```
Installed sketchmigrate Version 1.0 (134) in /usr/
local/bin
Installed sketchtool Version 1.4 (305) in /usr/
local/bin
```

正しくインストールできているかどうかを確認するために、次の1行目のコマンドを入力して return キーで実行してください。2行目のようにバージョンが表示されれば、正しくインストールできています。

```
$ sketchtool -v
sketchtool Version 1.4 (305)
```

SketchTool の基本的な使い方

Sketch ファイル内で設定されているスライスを基準に書き出す場合は、次のように入力して実行してください。

```
$ shetchtool export slices path/to/sketchFile.sketch
```

「path/to/sketchFile.sketch」で、Sketchファイルまでのパスを指定します。Sketchファイルをターミナルのウィンドウへドラッグ＆ドロップすることで、パスを入力するも可能です。

ファイルは、ターミナルの現在の作業フォルダ[21]へ書き出されます。書き出すフォルダを指定する場合は、次のように入力して実行します。

ヒント[21]

ターミナルの現在の作業フォルダを確認するには、pwdコマンドを実行してください。

```
$ shetchtool export slices path/to/sketchFile.sketch
exportDir
```

「exportDir」へ、書き出すフォルダを指定します。こちらでも、フォルダをドラッグ＆ドロップしてパスを入力することができます。

詳しい使い方を知りたい場合は、次のコマンドで簡単なヘルプを表示できます。

```
$ shetchtool help
```

Sketchがインストールされていなくても書き出すことはできますが、それだけではあまりメリットを感じられないかもしれません。しかし、コンソールから扱えるということは、自動化ができるということです。幸いにもタスクランナーの「Grunt」や「gulp」[22]のプラグインが公開されており、Sketchファイルを監視して保存されるたびに、書き出しを実行するタスクを組み込むことができます。

書き出し先の選択や画像の最適化など、タスクランナーで自動的に処理してしまえば、作業効率もアップします。導入するハードルは高いですが、ぜひチャレンジしてみてください。

ヒント[22]

タスクランナーは、CSSプリプロセッサのコンパイル、画像やCSSの最適化をはじめ、ブラウザでのリアルタイムリロードなど、手間のかかるさまざまな作業を自動化するツールです。メジャーなタスクランナーに、「Grunt」と「gulp」があります。

- **Grunt Sketch**
  https://github.com/CodeCatalyst/grunt-sketch
- **gulp Sketch**
  https://github.com/cognitom/gulp-sketch

Sketch ToolBox

Sketch ToolBoxは、プラグインを管理するためのアプリです。執筆時点ではベータ版ですが、キーワード検索やワンクリックでのインストール／アンインス

トールなどの機能を備えています図100。

図100　Sketch ToolBox（http://sketchtoolbox.com/）

　サイトへアクセスし、［Download the beta］をクリックします。ダウンロードしたファイルを解凍し、［アプリケーション］フォルダへ入れてください。

Sketch ToolBoxの機能

　Sketch ToolBoxを起動すると、図101の画面が表示されます[23]。

図101　Sketch ToolBox（http://sketchtoolbox.com/）

❶プラグインの更新ボタン
❷すべてのプラグインを表示するか、インストール済みのみを表示するかの切り替えボタン
❸検索ボックス
❹プラグイン名や作者などの情報
❺ブラウザでGitHubのリポジトリを表示
❻インストール／アンインストールボタン

> **ヒント[23]**
> 警告が表示されてアプリが開けない場合は、［アプリケーション］フォルダを開き、Sketch ToolBoxを control キーを押しながらクリックし、コンテキストメニューから［開く］を選択します。「"Sketch ToolBox.app"はインターネットからダウンロードされたアプリケーションです。開いてもよろしいですか？」という警告が表示されるので、自己責任のもと［開く］をクリックしてください。

検索ボックスへキーワードを入力すれば、逐次絞り込みが行われるので、欲しい機能など思いつくキーワードで入力してみましょう。キーワードはプラグイン名や説明、開発者名が対象になっています。

リスト自体はPlugins Directoryのデータをもとにしているため、そこに登録されていないプラグインは当然ながら表示されません。

また、Sketchのバージョンアップ後は、古いプラグインが動作しなくなる場合もあります。定期的にSketch ToolBoxを立ち上げ、プラグインをアップデートしてやりましょう。

inVision

inVisionは、プロトタイピングを行うことができるWebサービスです。Sketch Mirrorではできなかった、ボタンなどにヒットエリアを設定し、疑似的な画面遷移を設定することができます。Sketchファイル以外にもPSDをはじめ、PNGファイルなどを使うこともできます 図102 。

図102　inVision (http://www.invisionapp.com)

プロジェクトの準備

まずはユーザー登録を行いましょう。右上の[SIGN UP FREE]をクリックし、名前、メールアドレス、パスワードを登録すれば、すぐに利用できます。1プロジェクトまでは無料です[*24]。

> **ヒント*24**
> 有料プランでは作成できるプロジェクト数が異なります。また、TEAMプランは他のメンバーをプロジェクトへ招待し、コラボレーションすることができます。

ログインするとプロジェクト一覧が表示されるので、右上の[New Project]から新しくプロジェクトを作成しましょう 図103 。

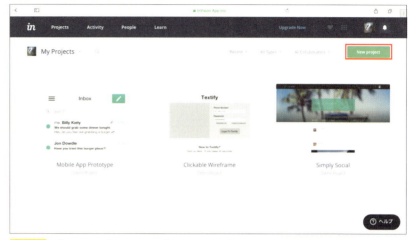

図103 プロジェクト一覧画面。サンプルとして3つのプロジェクト(サンプルのため無料枠のカウント外)が作成されている。右上のNew Projectから新しいプロジェクトを作成する

プロジェクト名やプロジェクトタイプなどを選択し、[Create]をクリックします。プロジェクトタイプでホットスポットの設定内容が変わるので、適切なものを選びましょう。今回はiPhone向けのアプリUIを想定して、iPhoneを選択しています 図104 。

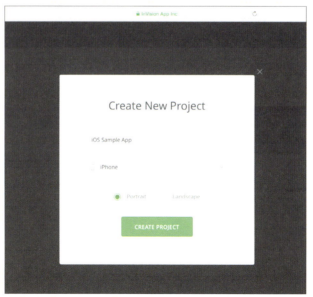

図104 プロジェクト名を入力して作成する

> **ヒント*25**
>
> InVision Syncは以下のサイトで公開されています。
> http://www.invisionapp.com/new-features/21/an-all-new-invision-sync

Sketchファイルをブラウザへドラッグ＆ドロップして、アップロードします。DropboxやBox、inVisionがリリースしているInVision Sync[25]というアプリを使って、指定したフォルダと同期することもできます図105。

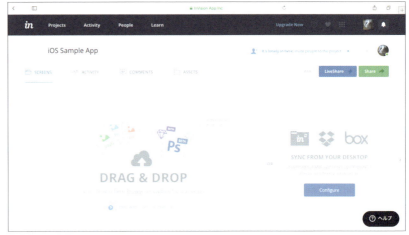

図105　Sketchファイルをドラッグ＆ドロップするか、クラウドストレージを指定してインポートできる

　アップロードが終了すると、Sketchファイルからアートボードをスクリーンとして、プロジェクトへインポートされます。同じアートボード名がある場合は、上書きされるので、アートボードがきちんとインポートできない場合は確認してみましょう図106。

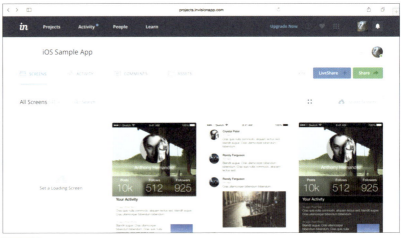

図106　インポートされたアートボード

　スクリーンをクリックすると、プレビューモードへ移行します。はじめて使う場合は、簡単な説明が表示されます図107。

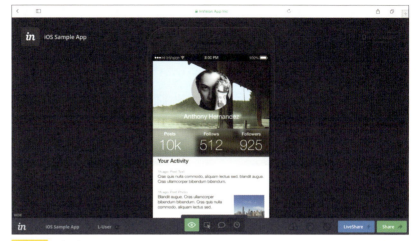

図107 プレビューモード

　まずは、ホットスポットを設定していきます。画面下の中央にある4つのモード切り替えボタンのうち、左から2つ目の［Build Mode］をクリックします 図108 。

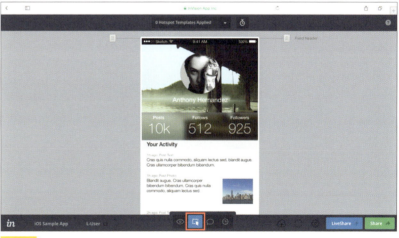

図108 ウィンドウ下部のボタンからビルドモードに変更。見た目が少し変わる

　画面が切り替わったのち、スクリーン上でドラッグすると、ホットスポットエリアを置くことができます。ホットスポットを置くと、タップ時の動作を設定できるようになります 図109 。

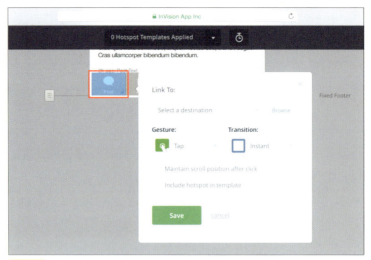

図109　ホットスポットにしたい部分をドラッグすると、設定ウィンドウがポップアップ表示される

　ポップアップされたウィンドウに、ホットスポットの動作を設定していきます。[Link To:]にはタップ時のリンク先を設定します。プルダウンメニューから選択するか、[Browse]をクリックするとプロジェクト内のスクリーンのプレビューを見ながら選択することもできます　図110 。ここではプロジェクト内の別のスクリーンへリンクを設定しました。

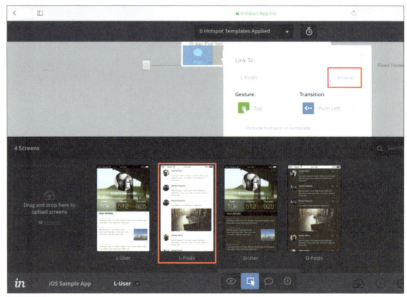

図110　Link To:ではリンク先を指定する。Browseをクリックすると、プロジェクト内のスクリーンをプレビューで確認しながら選択可能

[Gesture:]では、ホットスポットを反応させるためのアクションを選択します。ここでは[Tap]を選択しました図111。

　[Transition:]は、画面切り替えのアニメーションを選択します。ここでは現在の画面を右から次の画面で押すようにアニメーションする、[Push Left]を選択しました図112。

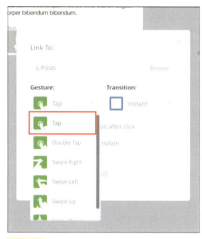

図111　さまざまなジェスチャーを設定できる

図112　画面切り替えのアニメーションも豊富

　最小限の設定が終わったので、[Save]をクリックします。

　モード切り替えボタンから、一番左の[Preview Mode]を選択して動作を確認します。先ほどホットスポットを設定した部分でクリックすると、アニメーションしながら画面が切り替わりました図113。

図113　設定したホットスポットをクリックすると、指定した通りに画面が切り替わった

　サービスとしてはSketchファイルも扱えるという程度ですが、PNG形式な

どで書き出す手間がなく、プロトタイピングが手軽にできるツールです。特にクラウドストレージやInVision Syncを使うと、Sketchファイルを保存すれば変更があったアートボードのみが更新されるため、変更も手早くプレビューすることができます。

Column

その他のツールやサービス

● Zeplin (https://zeplin.io/)

Zeplinは、UIデザイナーとフロントエンドエンジニア向けのコラボレーションアプリです。Sketchのデータをアップロードすると、Zeplin上で色やフォント、レイヤーの大きさなどの抽出や、コメントのやり取りができます。Zeplinをインストールすれば、Sketchを持っていないメンバーともやり取りできる点が大きなメリットでしょう。執筆時点ではベータ版で、招待制になっています 図114 。

図114 Sketchファイルを解析して、レイヤーのサイズや使っているフォント、色などを抽出できる

● Avocode (http://avocode.com/)

Avocodeもレイヤーの大きさや位置、フォント情報などを解析できるアプリで、SketchとPhotoshopが扱えます。月$20〜のサービスですが（アップロードとプロジェクト管理だけなら無料）、Zeplinと異なりCSSコードの取得やレイヤーの書き出しもできるため、HTML/CSSの実装をサポートしてくれるでしょう。この手のアプリには珍しく、WindowsとLinuxにも対応しています 図115 。

図115 レイヤーのサイズやレイヤーの余白の計測や、CSSコードをコピーできる

ベクターフォーマット
「SVG」を使いこなす

IllustratorやSketchで作ったデザインの魅力を最大限に生かすため、グラフィックをそのままベクターとして扱える「SVG」を利用しましょう。XML文書としての特徴やSVGの保存方法、コードの見方、ブラウザでの表示方法など、SVGの特性を生かすためのさまざまなノウハウを紹介します。

Chapter

6

CHAPTER 6

⑥-1 SVG（Scalable Vector Graphics）とは

マルチデバイスの一般化によってデバイス間の画面サイズや解像度が多様化するにつれ、拡大縮小可能なベクター形式の画像である「SVG」が注目を浴びるようになりました。

SVGはベクターグラフィックを記述できるXML文書

これまでの章でもすでに何度か名前は登場していますが、SVG（Scalable Vector Graphics）は、XMLをベースとしたベクターグラフィック用の画像フォーマットです。

HTMLと同様に各種タグによって文書構造を記述するXML（Extensible Markup Language）そのものであるため、画像フォーマットであり、かつ、テキストファイル（文書）でもあります。そのため、JPEGやPNGなどの圧縮を前提としたビットマップ画像とはまったく異なる性質を持っています。

規格としてのSVGは、最初のバージョンである「SVG 1.0」がW3Cによって2001年に勧告されており、かなり以前から標準仕様として存在していました。

- 2001年 - SVG 1.0 勧告
- 2011年 - SVG 1.1 Second Edition 勧告

現行の利用可能な最新バージョンは「SVG 1.1 Second Edition」で、各ブラウザもこれを表示できるように実装されています。

SVGの特徴は先にも述べた通り、「ベクターグラフィックを描画可能」な点と「XML文書」であることに集約できます。

特徴❶：ベクターグラフィックである

Webで使用できる、正式な仕様を持ったベクター形式の画像フォーマットとして唯一の手段がSVGです。ベクター形式なので、画像の拡大縮小や回転によっ

て画像の表示に劣化がないことがメリットです。

このため、Webサイトの実装においてよくあるRetina対応（高密度ディスプレイ用の画像を別途用意する）のために、ビットマップ画像をサイズ違いで2〜3種類用意しなければならないといった作業は必要ありません。また、JavaScriptなどによって画像を拡大縮小させるようなアニメーションやインタラクション処理においても同様のメリットがあります。

特徴❷：XML文書である

ベクター画像であることは当然の特徴ですが、最大の特徴は次のコードのようなXML文書であることです。マークアップ言語ですからHTMLとよく似た構造であることがわかります。

SVG

```
<svg xmlns="http://www.w3.org/2000/svg" xmlns:xlink="http://www.w3.
org/1999/xlink" viewBox="0 0 400 200">
  <rect fill="#FF0000" width="200" height="200"/>
  <circle fill="#FFCC00" cx="30 0" cy="100" r="100"/>
  <polygon fill="#29ABE2" points="0,200 115,0 230,200 "/>
</svg>
```

XML文書であるがゆえに、以下のような他の画像フォーマットでは成しえないメリットを享受することができます。

- 文書であるため、テキストファイルとして編集が可能
- テキストノード、つまり純粋な文字情報を含められる
- 画像内のパーツごとに、CSSによる装飾が可能
- JavaScriptでDOM操作が可能（動的に画像そのものを変更できる）
- SVG内に外部リソースの参照（埋め込み）が可能
- 画像内にアクセシビリティの担保が可能
- コードであるため、Gitなどによる差分取得・マージなどの管理が可能

このようにXMLであることで、単なる画像フォーマットの範疇を超えた機能を持つようになっています。SVGという名前の「Scalable」が示す通り、「拡張性の高い」画像フォーマットなのです。

ブラウザの対応状況

先に述べた通り、SVGはかなり前から標準仕様として存在していましたが、シェアの大きいInternet Explorer（以降IE）、Android Browserがサポートしていなかったために長らく普及するに至っていませんでした。しかし、近年になってIEが「9」以降、Androidが「3」以降でサポートし、SVGを利用可能な環境はほぼ整ったといえるでしょう。

主要ブラウザにおけるSVGサポート状況は 表1 の通りです。

表1 主要ブラウザのSVGサポート状況

IE	Firefox	Chrome	Safari	Opera	iOS (Safari)	Android (Browser)
9 〜	1.5 〜	1 〜	3 〜	8 〜	2 〜	3 〜

Webサイトの制作時においてIE 8とAndroid 2.xを対象外とできるのであれば、SVGは積極的に使用して差し支えないといえます。

さらに進化する SVG

現在、次バージョンとなる「SVG 2」の仕様が草案段階にあり、近年中の勧告を控えています。

SVG 2ではさらにグラフィックの表現が多彩になり、スタイリングにおけるCSSとの統合やテキスト処理の強化、メッシュグラデーションの対応、さまざまなプロパティの拡張などが予定されています。

- Scalable Vector Graphics (SVG) 2 - W3C Working Draft
  http://www.w3.org/TR/SVG2/

SVG の基礎

6 - 2

IllustratorやSketchからSVGファイルを書き出すことはできますが、XML文書としてのSVGの基礎を理解することでより使い勝手をよくすることができます。表示トラブルへの対処や特にSVGにアニメーションやインタラクションを加えたい場合などには必須の知識となるので、ぜひ覚えておきましょう。

宣言と名前空間

SVG は XHTML 文書と同様に「XML 宣言」と「文書型宣言」「名前空間の指定」が必要となります。

SVG

```
<?xml version="1.0" encoding="utf-8" standalone="no"?>                       ❶
<!DOCTYPE svg PUBLIC "-//W3C//DTD SVG 1.1//EN" "http://www.w3.org/           ❷
Graphics/SVG/1.1/DTD/svg11.dtd">
<svg xmlns="http://www.w3.org/2000/svg" xmlns:xlink="http://www.w3.
org/1999/xlink" xmlns:ev="http://www.w3.org/2001/xml-events" viewBox=
"0 0 200 200">                                                              ❸
...
</svg>
```

まずは、各種宣言と名前空間について解説します。

❶ XML 宣言

このドキュメントがXML文書であることを示す宣言です。

なお、**文書の文字コードがUTF-8もしくはUTF-16、XMLのversionが1.0、スタンドアロン文書宣言がno**という条件を満たしていれば省略が可能です。上記サンプルコードの場合や、IllustratorやSketchから書き出したSVGもこの条件に当てはまりますからこの宣言を省略することができます。

❷ DOCTYPE 宣言

次にDOCTYPE宣言です。バージョンやタグのルールなどが示されており、バリデーションのために記述します。なお、**SVG 1.1 Second Edition では記述不要**となっており省略可能です。

❸ 名前空間の宣言

<svg>はSVGのルート要素であり、HTMLにおける<html>に相当します。このタグ内にある属性「xmlns」の値として、SVGの名前空間「http://www.w3.org/2000/svg」が宣言されることで、ルート要素の配下でSVG固有のタグが使用できるようになります[*1]。

「xmlns:xlink」は文書内でa要素やuse要素などでhref属性を使う場合、例えば、HTMLにおけるハイパーリンクや、特定のid名、外部ファイルの参照などを行う場合に必要な宣言です。「xmlns:ev」はonclick属性などのイベント属性を使う際に必要な宣言となります。

少なくとも、xmlns属性とxmlns:xlink属性は宣言しておくようにしましょう。これらがなければブラウザはSVGのタグやリンクを判断できず描画処理を行うことができなくなります（なお、HTML5におけるインラインSVGの場合はその限りではありません）。

> **ヒント*1**
> XMLはタグを自由に定義できるメタ言語なので、処理するプログラムにどんなルールのタグを使用しているのかを伝える必要があります。それが名前空間の宣言です。SVGが単独のSVG文書として機能するには、ここで解説している名前空間の宣言が必要となります。

svg 要素と viewBox 属性

SVG特有の属性として「viewBox」があります。これはSVGを表示させるにおいて非常に大切な属性となるのでちゃんと理解しておきましょう。

viewBoxは、SVGの内容を表示させる「表示領域」と図形の配置や大きさなどの基準となる「座標系」を定義する属性です。**Illustratorであれば、アートボードに相当する**ものといえます。

viewBoxの指定は 図1 のように、「**viewBox="x座標の最小値 y座標の最小値 x軸の幅 y軸の高さ"**」と記述します。単位は指定しません。

図1　viewBox属性の指定例。この場合は、0,0を基準座標として、幅200、高さ200の正方形の表示領域を持つことになる

viewBox は Illustrator のアートボード

Illustratorの場合、SVGのviewBoxの「x軸の幅 y軸の高さ」はアートボード の「幅 高さ」に相当します[2]。

そのためIllustratorのアートボードからはみ出している図形があれば、SVG でも同様に表示領域からはみ出すことになります。このSVGをHTML内で表示 させた場合、この部分はトリミングされたように表示されません（見切れている だけで要素としては存在します）。また、「x座標の最小値 y座標の最小値」には、 負の値も指定することが可能です。

表示領域としての大きさとアスペクト比は「x軸の幅 y軸の高さ」次第で決まり ます。

> **ヒント*2**
>
> IllustratorでSVG保存し た場合、「x座標の最小値 y座標の最小値」は必ず「0 0」となります。

SVG の座標系は特定の「単位」を持たない

1つ注意が必要なのは、SVGの座標系や、それを定義するviewBoxの値は特 定の「単位」を持たない、ということです。値を「0 0 200 200」とした場合、「200px × 200px」の大きさであることを示すものではありません。

pxやcmという実寸の**絶対単位**は、別途、width属性・height属性（または CSS）で指定することになります。この実寸の絶対単位に対して、座標系におけ る単位を「**利用単位**」と呼びます。

SVG内のそれぞれの図形は、この利用単位で配置やサイズを指定することに なります。つまり、**通常は絶対単位での指定はしない**、ということです。

svg 要素とサイズ（width 属性と height 属性）

viewBox属性は単位を持たない座標系の定義を行うものでしたが、そのSVG をどれだけのサイズ、つまり実寸で表示させるかは、width属性とheight属性 の値として絶対単位で指定します。

実寸の指定ですから、**widthとheightには「単位を持った数値（数値＋絶対単 位識別子）」を指定**します。「px」「cm」「em」「%」といった、CSSと同様の絶対 単位識別子を使用できます。

以下の例の場合、幅200px × 高さ200pxの実寸を与えたことになり、ブラ ウザで表示させると実際にそのサイズで表示されます。

SVG

```
<svg viewBox="0 0 200 200" width="200px" height="200px">
```

なお、width属性とheight属性の指定は、別途CSSで指定する、もしくは上書きすることが可能です。

viewBoxとwidth,heightの関係（座標系変換）

SVGの座標系は特定の絶対単位を持たないため、**1つの座標（1利用単位）のサイズはwidth,heightによる実寸の指定によって変わる**ものとなります。

例えば「viewBox="0 0 10 10"」のSVGがある場合、「width="10px" height="10px"」であれば、座標1つのサイズは「1px」となります。同じviewBoxを指定したSVGが「width="50px" height="50px"」の実寸を持つ場合は、座標1つのサイズは「5px」となります。

図2を見ると、width、heightが異なれば図形の大きさはもちろん、線の太さまで変わることがわかります。座標系の利用単位が変化しているのです。

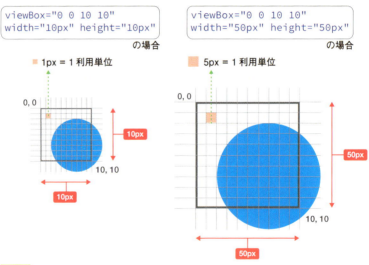

図2　SVGの座標の利用単位は、SVGそのものの幅と高さの指定によって変わる

これを**「座標系変換」**といいます。

SVGにおける1座標は、width、heightをviewBoxで定義した座標系のx、y軸それぞれの値で割ったサイズを持つ、ということになります。

Illustratorで縦横100pxのサイズと2pxの線を持った正方形を描いたとしても、座標系変換が行われることでそのサイズや線の太さは変わりうるのです[3]。

viewBox属性とwidth属性・height属性のそれぞれの指定の有無によって、表示のされ方が変わります。ここからは、指定が異なるいくつかのパターンを見せ、HTML内での表示がどう変わるかを説明します。

ヒント*3

symbol要素のように、SVGの中において独自の座標系を持つことができる要素もあり、座標系の中に別の座標系を持つことが可能です。その場合、さらに座標系変換が行われていることになります。複雑な仕様ですが、座標系の概念だけでも理解しておくといいでしょう。

❶ viewBoxの指定あり、width,heightに絶対値を指定

以下のようにviewBoxを指定し、かつwidth,heightに「px」などの絶対値での指定がある場合です 図3 。

```
<svg viewBox="0 0 200 200" width="300px" height="300px">
```

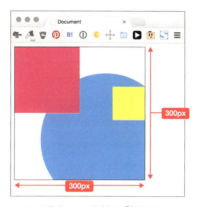

図3 通常のpng画像などと同様、固定サイズを持ったSVGとなる（黒い罫線の四角形がviewBoxを表す）

この場合は、単純に「幅300px × 高さ300px」のサイズの画像として扱うことができます。図の例では1座標（1利用単位）は、先に説明したように座標系変換が行われて「300px ÷ 200 = 1.5px」となります。

❷ viewBoxの指定あり、width,heightに「％」指定

width,heightに「％」などの相対値での指定がある場合です 図4 。

```
<svg viewBox="0 0 200 200" width="100%" height="100%">
```

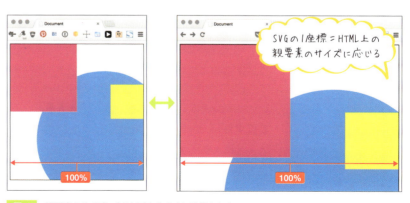

図4 親要素のサイズに応じた可変サイズのSVGとなる

この場合は、SVGを埋め込んだHTMLでの親要素のサイズ、もしくはブラウザのサイズに応じることになり、レスポンシブWebデザインにおけるFluid image[4]と同じような表示になります。1座標（1利用単位）は親要素のサイズに応じて座標系変換が行われるため可変であり、特定の大きさは持ちません。

> **ヒント[4]**
> Fluid imageとは、ブラウザサイズに応じて画像サイズを変化させる手法です。CSSではmax-widthプロパティなどを使って定義します。

❸ viewBoxの指定あり、width,heightを指定しない

viewBoxの指定はあるが、width,heightの指定がない場合です。

```
<svg viewBox="0 0 400 400">
```

この場合、❷の「width="100%" height="100%"」を指定した場合と同じになります。HTMLにおける親要素、もしくはブラウザのサイズによって可変になります。

❹ viewBoxの指定なし、width,heightの指定もなし

viewBox、またwidth,heightも指定しない場合です 図5 。

```
<svg>
```

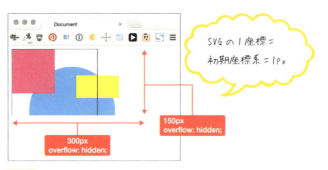

図5　SVG内の図形のサイズは初期座標系により常に固定となる

viewBoxがないため座標系変換は行われず、SVGの1座標（1利用単位）は「初期座標系」に基づく「1px」とされます。SVG自体のサイズ指定がない場合、ほとんどのブラウザで「幅300px × 高さ150px」がデフォルトのサイズとされているようです。図の例ではsvg要素はデフォルトでoverflow: hidden;となっており、下部分が見切れています。

なお、width,heightでサイズを指定したとしてもviewBoxがなく座標系変換

が行われないため、1つの座標は常に1px、図形サイズは常に固定となります。

SVGの特性を生かすためにも、**viewBox属性による表示領域の指定は必ず行ったほうがいい**でしょう。

Column

SVGを拡縮した場合のアスペクト比

SVGを拡縮させた場合のアスペクト比の保持のさせ方は、preserveAspectRatio属性でさまざまな設定が可能です。

規定値では「meet」となっており、viewBoxが指定されていればviewBox全体が見切れずに表示されるようになっています。viewBoxとwidth,heightのアスペクト比が異なる場合でも、縦横のどちらかに収まるように表示されます（CSSにおける、background-size: cover;に似た処理です）。

さまざまな図形の描画と配置

SVGでは基本的にすべての図形や画像は「要素」として記述します。SVGで描画可能な、基本的な図形の要素を紹介します。

rect要素（矩形）

正方形や長方形、角丸の四角形を描画する要素です。図形の基準点は左上となり、x,y属性で配置を指定、幅と高さはwidth,height属性で指定します 図6 。

```svg
<rect fill="#fc0" stroke="#000" x="10" y="10" width="50" height="50"/>
```

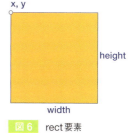

図6　rect要素

circle要素（正円）, ellipse要素（楕円）

circle要素は正円を描画する要素、ellipse要素は楕円を描画する要素です。図

形の基準点は円の中心となり、cx,cy属性で配置を指定します。円の大きさには、r属性に半径のサイズを指定します。楕円の場合は、rx属性でx軸方向の半径、ry属性でy軸方向の半径を指定します 図7 。

```
<circle fill="#fc0" stroke="#000" cx="50" cy="50" r="30"/>
<ellipse fill="#fc0" stroke="#000" cx="50" cy="50" rx="60" ry="30"/>
```

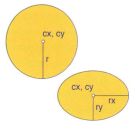

図7　circle要素とellipse要素

line要素（直線）

直線を描画する要素です。基準点、つまり始点をx1,y1属性で、終点をx2,y2属性で指定します。

```
<line fill="none" stroke="#000" x1="50" y1="0" x2="0" y2="50"/>
```

polygon要素（多角形）, polyline要素（折れ線）

polygon要素は三角形をはじめとした多角形を描画する要素です。polyline要素は折れ線を描画します。points属性で、折れている部分のx,y座標を指定します。

points="x1,y1 x2,y2 x3,y3 x4,y4 ... とスペース区切りで記述します 図8 。

```
<polygon fill="#fc0" stroke="#000" points=
"40,0 0,40 40,60 20,100 100,100 80,20"/>
<polyline fill="#fc0" stroke="#000" points=
"100,100 80,20.300 40,0 0,40 40,60 20,100 "/>
```

図8　polygon要素

path要素（パス）

path要素はパスそのものを自由に描画する要素です。直線、円弧、ベジェ曲線[*5]を引くことができ、上記に挙げた図形もすべてこの要素で記述することが可能です。また、複合パスもこのpath要素で描画されます 図9 。

パスはd属性内に各種コマンドを用いて記述します。例としては以下のようなコマンドがあります（大文字は座標の絶対値指定、小文字は相対値指定の違い）。

- M(m)コマンドでパスを引きはじめる始点を指定する
- L(l)コマンドで直線を引く

> **ヒント*5**
>
> ベジェ曲線には「2次ベジェ曲線」「3次ベジェ曲線」の2種類があり、3次ベジェ曲線のほうが制御点が多く、曲率の制御が容易で多くのケースで使われます。Illustratorのベジェ曲線も3次ベジェ曲線であり、書き出したSVGにおいても同様です。

- C(c)、およびQ(q)コマンドで曲線を引く
- Z(z)コマンドでパスを閉じる

```
<path fill="#fc0" stroke="#000" d="M100,
28c0-3.1-3.1-3.1-6.3-3.1c-6.2,0-9.4-3.1
-9.4-3.1S81.2,0,59.4,0c-18.8,0-25,15.6-
25,24.9…(中略)…c0-1.7,1.4-3.1,3.1-3.1c1.7,0
,3.1,1.4,3.1,3.1C78.1,20.4,76.7,21.8,75,21.
8z"/>
```

図9　path要素

text要素, tspan要素（テキスト）

名称通りテキストを描画する要素です。

HTMLと同様に基本はデバイスフォントで表示され、フォントの種類やサイズはCSSで指定することも可能です。ただ、範囲内での自動改行ができないため、図10のように複数行を表示させるにはtspan要素で制御する必要があります[*6]。

なお、text要素の配置の際の基準点は、規定値ではフォントのベースラインの左端となります。このため、y軸において「y="0"」を指定するとviewBoxの上方向にはみ出てしまうので注意が必要です。y軸の値はフォントサイズ分ずらして指定しましょう。x軸の基準点（左右ぞろえ）はtext-anchor属性によって指定可能です。

> **ヒント*6**
> SVG 2では、text要素にwidth属性が追加され、HTMLと同様のテキストの複数行にわたる折り返しが可能になる予定です。

```
<text>
  <tspan x="200" y="20" text-anchor="start">Lorem ipsum dolor</tspan>
  <tspan x="200" y="40" text-anchor="middle">sit amet, consectetur</tspan>
  <tspan x="200" y="60" text-anchor="end">adipisicing elit.</tspan>
</text>
```

図10　text要素とtspan要素

image要素（画像ファイルの参照）

image要素を用いることでSVGの中にPNGなどの外部画像ファイルなどを参照して表示させることができます[*7]。外部ファイルを参照する場合は「xlink:href属性」にパスを記述します。

> **ヒント*7**
> SVG 2では、ビットマップ画像の参照の他、video要素、audio要素、canvas要素が追加される予定です。

なおビットマップ画像だけではなく、別のSVGファイルも参照して表示させることができます。また、外部ファイルだけではなく、Data URI schemeによる埋め込みも可能です。

SVG
```
<image width="400" height="300" xlink:href="images/sample.png">
```

図形の変形

SVGの図形に対して「transform属性」を加えることで、移動や変形をさせることが可能になります。CSS3におけるtransformプロパティとほぼ同様の働きをする属性です。

transform属性による変形は、元の図形要素の座標そのものを変形させているわけではなく、あくまで**変形する関数を適用させて描画**するので、いつでも元の図形に戻せることがメリットです[8]。

> **ヒント 8**
> Illustratorでたとえると、図形に対してアピアランスの「パスの変形」を適用させた状態に似た効果となります。

transform属性と関数

transform属性の値として使える関数を紹介します。これらにより、図形に対して移動、拡縮、回転、傾斜という変形を行うことができます 図11 。

図11 それぞれのtransform関数で変形させた図形。青い点線は元の図形を示している

なお変形の際の基準点は、通常、viewBoxで定義した基準点が元になります（図形そのものの左上ではないことに注意）。transform属性の対象となる図形のみに適用される座標系変換が行われるためです。

● **translate(tx, ty)**

図形を移動します。x軸、y軸それぞれに平行移動させる座標利用単位を指定します。

- scale(sx, sy)

図形の拡大縮小の倍率を指定し、大きさを変更します。x軸、y軸それぞれに個別の倍率が指定可能です。なお、線幅も同時に拡大縮小される点に注意してください。

- rotate(rotate-angle, cx, cy)

図形を回転します。回転の際の基準は基本的にはviewBoxの基準点となりますが、x軸、y軸それぞれ個別に変更可能です。以下ではrect要素の中心が基準となるようにしています。

- skewX(skew-angle), skewY(skew-angle)

図形を傾斜させます。x軸、y軸それぞれの傾斜は個別の関数で指定します。CSS3のようにまとめて指定するskew()関数はありません。

- matrix(a, b, c, d, e, f)

matrix関数は移動・拡縮・傾き・回転を6つの引数による変換行列で指定します。CSSのショートハンドのようなものと思えばいいでしょう。

6つの引数の値は、それぞれ「x軸の拡大縮小, y軸の傾斜, x軸の傾斜, y軸の拡大縮小, x軸の移動, y軸の移動」を示します。

以下のコード（5行目）の場合、拡縮は2倍、傾きはy軸に約26度、x軸に30移動、y軸に20移動、の変形を指定したことになります。

```svg
<circle cx="20" cy="20" r="20" fill="#fc0" stroke="#000"
transform="translate(30, 30)"/>
<circle cx="20" cy="20" r="40" fill="#fc0" stroke="#000"
transform="scale(2, 3)"/>
<rect x="20" y="20" width="40" height="40" fill="#fc0" stroke="#000"
transform="rotate(30, 40, 40)"/>
<rect x="20" y="20" width="40" height="40" fill="#fc0" stroke="#000"
transform="skewX(15) skewY(15)"/>
<rect x="20" y="20" width="40" height="40" fill="#fc0" stroke="#000"
transform="matrix(2 1 0 2 30 20)"/>
```

transform関数の適用順番と座標系変換

transform属性の値として複数の関数を指定することで、複数の変形効果を併用することができます。次のサンプルコードのように複数の関数をスペースで区切って指定します。

> **SVG**
> ```
> <rect x="20" y="20" width="40" height="40" fill="#6c0" stroke="#000"
> transform="scale(2, 3) translate(20, 20)"/>
> ```

　複数の関数を適用させる場合、記述した順番ではなく**右側から（あとに指定したものから）順番に適用**されます。適用される順番によって最終的な描画結果が異なることがあるので注意が必要です。図12 図13 は、同じ図形に対して「rotate(10)」「scale(1.5, 2)」「translate(20,20)」の効果適用の順番を差し替えた場合のサンプルです。❶と❷で図形の位置や傾斜が違っています。

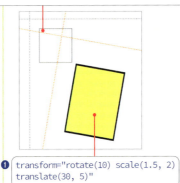 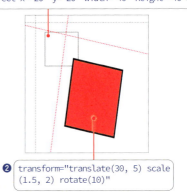

図12　transform関数の指定の順番によって描画結果が異なる例 ❶

図13　transform関数の指定の順番によって描画結果が異なる例 ❷

　❷の場合、回転→拡大→移動の順に変形が適用されており、回転を行ったあとに拡大が行われているため図形が傾斜していることがわかります。

図形のグループ化とモジュール化

　SVGでは複数の図形をまとめてグループ化したり、その図形をテンプレート化したりして、モジュールとして再利用できるようにすることが可能です。

　複数の図形をセットにしての共通化・再利用化は、コードの冗長化を防ぎ見通しをよくすること、またコードの簡略化によってSVGファイル自体の容量を軽量化する効果も見込めるので、ぜひ理解しておきたい仕組みです。

　グループ化のためのg要素、モジュール化するdefs要素、symbol要素は、図形を内包するための**コンテナ要素**といいます。

g 要素（複数図形のグループ化）

複数の図形の要素をg要素で囲うことで、これらの図形をグループ化できます。Illustratorにおけるグループと同様の機能です。また、Illustratorのレイヤーもこのg要素で再現されます。

g要素自体に塗り色や線の装飾、transform属性による変形などを指定することにより、内包される複数の図形に対してまとめて適用させることが可能です。

SVG - g要素によるグループ化

```
<g transform="translate(30, 30)" fill="#fc0" stroke="#000" stroke-
width="1">
  <polygon points="0,70 40,1 80,70"/>
  <circle cx="80" cy="80" r="35" fill="none" stroke="#f00" stroke-
width="3"/>
  <rect x="85" y="85" width="70" height="70"/>
</g>
```

なお、内包する図形要素に塗りのfillや線色のstrokeなどの指定がすでにある場合、これらはg要素の指定では上書きされません。

defs 要素（ひな型の定義）

defs要素は内包する要素を再利用することを前提としたコンテナ要素で、再利用させたい要素を囲って定義します。defs要素で囲った図形はそのままでは直接表示されることはなく、再利用することではじめて表示されます。

use要素を用いて参照することでモジュールとして何度でも再利用可能です。defs要素に内包される図形やグループにid属性を付与し、use要素のxlink:href属性でそのidを参照することでひな型化した図形がはじめて描画されます 図14 。

SVG - defs要素の定義と参照

```
<defs>
  <g id="def">
    <polygon points="0,70 40,1 80,70"/>
    <circle cx="80" cy="80" r="35" fill="#fc0"/>
    <rect x="85" y="85" width="70" height="70"/>
  </g>
</defs>
<use xlink:href="#def" fill="#6c0" stroke="#000" x="0" y="0"/>
<use xlink:href="#def" fill="#fc0" stroke="#f00" x="180" y="0"/>
```

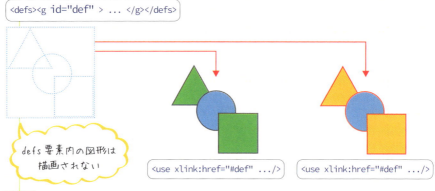

図14 defs要素でモジュール化した図形を再利用した例。何度でも再利用可能

　defs要素にidを付与するのではないことに注意してください。この要素はあくまで内包する要素をひな型化し、実体をなくして見えなくする要素です。1つのdefs要素内に一意のidを持ったg要素を複数入れた場合、それぞれ別々のモジュールとして参照可能です[*9]。

> **ヒント*9**
> g要素と同様、参照しているuse要素側で塗り色や線色を指定できますが、defs要素の中で図形にすでに指定してある場合は上書きできません。

symbol要素（独自viewBoxを持ったひな型の定義）

　symbol要素は、グラフィックのひな型オブジェクトを定義するコンテナ要素です。defs要素と同様に単体で表示されることはなく、内包される図形などはuse要素で参照されることではじめて表示されます。こちらもモジュールとして再利用が可能です。

　g要素・defs要素が図形などを単にグループ化・ひな型化しているのに対し、**symbol要素は「独自のviewBox」を持っている**ため、symbol要素の中でのみ有効な座標系を持つことができます 図15。**SVGの中に別のSVGを新たに定義する**、というのが近しいイメージです（座標系がネストされる状態です）。

SVG - symbol要素の定義と参照
```
<symbol id="symbol" viewBox="0 0 160 160">
  <polygon points="0,70 40,1 80,70"/>
  <circle cx="80" cy="80" r="35" fill="#09c"/>
  <rect x="85" y="85" width="70" height="70"/>
</symbol>
<use xlink:href="#symbol" fill="#6c0" stroke="#000" x="0" y="0" width="160" height="160"/>
<use xlink:href="#symbol" fill="#fc0" stroke="#f00" x="220" y="0" width="70" height="70"/>
<use xlink:href="#symbol" fill="none" stroke="#000" x="180" y="105" width="40" height="40"/>
```

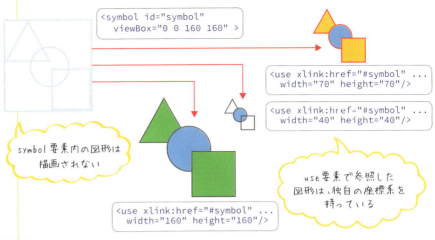

図15　symbol要素を参照して、それぞれのuse要素でサイズを変更した例

そのためuse要素で参照した際には、親SVGの座標系での配置やサイズ指定が可能になります。つまり、**図形をひとまとめにした上で「普通の図形」として扱えるようになる**、ということです（g要素・defs要素は独自の座標系を持っていないので、再利用時にwidth,heightによるサイズ変更はできません）。

複数の図形をワンセットとして繰り返し使用したい場合はこのsymbol要素を使っておけばいいでしょう。

symbol要素の座標系

symbol要素にviewBoxを定義した場合、座標系がネストされる状態となります。つまり、symbol要素は親svg要素の座標系の中にありつつ、独立した座標系を持つということになります[*10]。

図16は、親SVGの座標とsymbol要素の座標のサイズが違うことを示したものです。symbol要素の座標のサイズは、参照したuse要素のサイズによって変換されることになります。

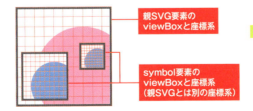

図16　viewBoxを指定したsymbol要素は、親SVGとは独立した座標系を持っている。symbolを参照したuse要素のサイズによって座標系変換が処理される

また、symbol要素が独自のviewBoxを持つことで、symbol要素のviewBoxからはみ出している図形は見きれてしまうので注意しましょう[*11]。

ヒント*10

symbol要素にviewBoxを指定しない場合は独自の座標系は持たず、g要素・defs要素とほぼ同じ振る舞いとなります。

ヒント*11

symbol要素はIllustratorの「シンボル」と同様の機能を持ち、実際にIllustratorでSVGを書き出すと、シンボルはviewBoxを指定したsymbol要素として、シンボルインスタンスはそれを参照するuse要素として書き出されます。
この場合のsymbol要素のviewBoxはシンボル内のすべての図形が入るサイズで自動的に付与されます。

CHAPTER

6

6 - 3

SVGの効果・装飾

SVGでは、図形に対してさまざまな装飾やフィルター効果さらにアニメーション効果を適用させることができ、多彩なグラフィック表現が可能です。図形に対して、塗りの色、線の色、線の太さ、破線パターン、透明度などが指定可能で、SVG 1.1 SEでもIllustratorでの装飾をそれなりの精度で再現できます。

属性、またはCSSによる装飾

SVGはマークアップ言語ですから、CSSによるスタイル定義をサポートしています。HTMLでの場合と同様、要素に対してidセレクタやclassセレクタなどを用いて個別のスタイルを適用させることが可能です。

なお、要素ごとの装飾については塗り色や線色などを属性で指定することが通常で、CSSによる装飾とも併用できます。

プレゼンテーション属性による装飾

通常、SVGにおける装飾の指定は属性値で行います。これを**プレゼンテーション属性**といいます。

ベクターグラフィックの装飾の基本となるのは、図形の内部への塗り「fill」と図形の枠線「stroke」などです[12]。以下のコードでは、塗り・線幅・線の色・線端の形状、破線などを指定しています。

SVG

```
<rect x="1" y="1" fill="#09c" fill-opacity="0.7" stroke="#000000"
stroke-width="2" stroke-linecap="round" stroke-linejoin="round" stroke-
miterlimit="10" stroke-dasharray="15,5,3,5" width="150" height="150"/>
```

これらの装飾のための属性の多くはCSSでの指定に置き換えることができますが、x,y,cx,cy属性やwidth,height属性など、**図形の配置やサイズを定義する属性（座標系を利用する属性）は、属性値のみで指定**しなければなりません。

ヒント[12]

IllustratorでSVGを書き出す際、再編集を行う可能性があるのであれば、このプレゼンテーション属性を使った書き出しにしておきましょう。保存したSVGをIllustratorで再度開いた際の再現度が高くなります。

ベクターフォーマット「SVG」を使いこなす

218

CSS による装飾

先述の属性値でのスタイル定義の多くはCSSによる定義で置き換えることが可能です。style要素、インラインstyle、外部CSSファイルによって定義することができます。

class指定によってスタイリングを共通化できることは、HTMLにおけるCSSと同様のメリットがあります。以下が先述のプレゼンテーション属性による装飾のサンプルコードをCSSでの指定に置き換えたものです。SVGのコードを短縮できることで容量を抑える効果も見込めます。

CSS - SVGで使えるCSSプロパティの例

```css
.rect-style {
    fill: #09c;
    fill-opacity: 0.7;
    stroke: #000000;
    stroke-width: 2;
    stroke-linecap: round;
    stroke-linejoin: round;
    stroke-miterlimit: 10;
    stroke-dasharray: 15,5,3,5;
}
```

SVG

```
<rect class="rect-style" x="1" y="1" width="150" height="150"/>
```

ただし先述の通り、図形の配置やサイズを定義する属性はCSSで指定することはできません。

つまり、HTMLにおけるCSSのプロパティとSVGで使えるプロパティは異なるものであり、SVGの要素にしか適用されないプロパティが多く存在します（逆にHTMLの要素用のプロパティの多くはSVGの要素には適用されません）。

以下にSVGの要素に対して定義することのできるプロパティを挙げます（各プロパティの説明は割愛します）。

• HTML5/CSS3と共通のプロパティ

color	direction	dominant-	visibility
font	letter-spacing	baseline	opacity
font-family	text-decoration	text-rendering	pointer-events
font-size	unicode-bidi	clip	animation
font-size-adjust	word-spacing	clip-path	transition
font-stretch	writing-mode	clip-rule	transform
font-style	baseline-shift	cursor	
font-variant	alignment-	display	
font-weight	baseline	overflow	

• SVG特有のプロパティ

mask	color-rendering	stroke-dashoffset
enable-background	fill	stroke-linecap
filter	fill-opacity	stroke-linejoin
flood-color	fill-rule	stroke-mitterlimit
flood-opacity	image-rendering	stroke-opacity
lighting-color	marker-end	stroke-width
stop-color	marker-mid	glyph-orientation-horizontal
stop-opacity	marker-start	
color-interpolation	paint-order	glyph-orientation-vertical
color-interpolation-filters	shape-rendering	
	stroke	kerning
color-profile	stroke-dasharray	text-anchor

　もともとSVGにおける仕様であったプロパティが、今ではHTMLでのCSS3としても使えるようになっているものもあります。「color」や「opacity」「clip-path」「text-rendering」「writing-mode」などがそれにあたります。主にテキストに関するプロパティがCSS3に取り入れられています。

　例えば、HTML5においての「color」は、文字色のみを指定するものではなく「要素内の基調色を定義する」というSVG由来の仕様になっています。

グラデーション

　SVGにおけるグラデーションは、CSSの背景で使用するグラデーションと違い、要素で定義します。線形のグラデーションは「linearGradient要素」、円形のグラデーションは「radialGradient要素」で定義し、idを付与し、図形の塗りや線においてその要素を参照して指定します 図17 。

図17 linearGradient要素、radialGradient要素を使ったグラデーションの例

ヒント*13

stop要素でグラデーション内に含む色について指定します。複数のstop要素を並べて、それぞれの色の順番や開始位置を指定していきます。

SVG - グラデーションの定義と参照*13

```
<linearGradient id="grad-stroke" gradientUnits="userSpaceOnUse" x1="0" y1="75" x2="150" y2="75">
  <stop offset="0" stop-color="#fcee21"/>
  <stop offset="1" stop-color="#ff7bac"/>
</linearGradient>
<radialGradient id="grad-fill" gradientUnits="objectBoundingBox" >
  <stop offset="0" stop-color="#cce0f4"/>
  <stop offset="1" stop-color="#0075be"/>
```

```
</radialGradient>
<circle fill="url(#grad-fill)" stroke="url(#grad-stroke)" stroke-
width="20" stroke-miterlimit="10" cx="75" cy="75" r="65"/>
<text fill="url(#grad-fill)" transform="matrix(1 0 0 1 197 68)" font-
family="'Helvetica-Bold'" font-size="60">Lorem</text>
<text fill="url(#grad-stroke)" transform="matrix(1 0 0 1 200 125)"
font-family="'Helvetica-Bold'" font-size="60">ipsum</text>
```

> **ヒント*14**
> gradientUnits属性ではグラデーションをかける範囲の基準となる座標系を指定できます。親のsvg要素の座標系を使う「userSpaceOnUse」と、個々の図形の持つ座標系を使う「objectBoundingBox」（規定値）を指定できます。通常、objectBoundingBoxを指定しておけばいいでしょう。

　SVGの場合、CSSのグラデーションと違い、**塗り、および線、テキストにまでグラデーションを適用できる**ことが特徴です。

　なお、グラデーションの適用範囲として開始座標と終了座標を指定する必要がありますが、gradientUnits="objectBoundingBox" を指定しておけば図形の大きさにマッチするように自動調整されます。複数の図形で同じグラデーションを参照したい場合に便利です[*14]。Illustratorで書き出した場合は、通常、座標を指定するgradientUnits="userSpaceOnUse" が使われます。

図形のマスク

　SVGには図形や画像の一部をマスクするための方法が2種類あります[*15]。

> **ヒント*15**
> SVG 2では、マスキングの方法はCSS Maskingに統合される予定です。

クリップパス

　Illustratorの「クリッピングマスク」と同じ機能です。任意の図形やパスを「clipPath要素」で囲ってクリップパスとして定義し、マスクさせるべき図形や画像において参照して適用します。

　以下の例ではcircle要素による正円をclipPathとして定義し、その正円の形そのもので画像をくり抜いています 図18。

図18　circle要素の正円をクリップパス化してマスクした例

　マスク用の図形の参照には「clip-path属性」を使用します。

SVG - clipPath要素の定義と参照
```
<clipPath id="clipPath">
  <circle cx="250" cy="150" r="150" style="overflow:visible;"/>
</clipPath>
```

ヒント*16

mask要素ではg要素、use要素も内包することができます。これにより既存の図形を参照して新たにマスク用として再利用することができます。この場合、既存の図形は参照されているだけなのでそのまま残って表示されます。

```
<g clip-path="url(#clipPath)">
    <image x="0" y="0" width="500" height="300" xlink:href="img/dog.jpeg"/>
</g>
```

なおclipPath要素の中には複数の図形を内包させることができますが、g要素、use要素は内包できないので注意しましょう。

不透明マスク

ヒント*17

maskUnits属性は、マスクの適用範囲となる座標系を指定するものです。親のsvg要素の座標系を使う「userSpaceOnUse」と、個々の図形の持つ座標系を使う「objectBoundingBox」（規定値）を指定できます。通常、objectBoundingBoxを指定しておけばいいでしょう。

もう1つのマスク方法は「mask要素」による不透明マスクです。上記のclipPath要素と違う点は、mask要素に内包される図形などの「輝度によるマスク（暗い色の部分が透明になる）」という点とマスク用としてビットマップ画像も利用できる点です*16。

以下の例では、mask要素内にさまざまな輝度の四角を並べ、マスク用図形として定義し、マスク用の図形の参照には「mask属性」を使用します。図19を見ると、より暗い色の四角部分が透明度が高いことがわかります。なお、輝度によるマスクなのでmask要素内の図形やビットマップ画像の色味は関係しません。

SVG - mask要素の定義と参照*17

```
<mask maskUnits="userSpaceOnUse" x="0" y="0" width="500" height="300" id="mask">
    <g>
        <rect x="107" y="15" fill="666" width="100" height="90"/>
        ...
        <rect x="207" y="106" fill="#fff" width="100" height="90"/>
        <rect x="307" y="106" fill="999" width="100" height="90"/>
        ...
        <rect x="307" y="106" fill="999" width="100" height="90"/>
    </g>
</mask>
<g mask="url(#mask)">
    <image style="overflow:visible;" x="0" y="0" width="500" height="300" xlink:href="img/dog.jpeg"/>
</g>
```

図19 rect要素の塗りの輝度によって透過度が違っている例

フィルター

SVGの最大の特徴の1つとして、図形や画像に対してさまざまなフィルター効果を与えられることが挙げられます。

元の図形を変更することなく、ぼかし、ドロップシャドウ、色調変更、ブレンド、合成などさまざまな効果を適用することができます。1つの効果を複数の図形に適用したり、効果を動的に変化させることも可能であったりと、ビットマップ画像ではなしえないメリットがあります。

図20 はいくつかの簡単なフィルター効果を適用させた例です。

図20 同じ図形にさまざまなフィルターを適用させた例。ビットマップ画像と違い、定義したフィルターを参照しているだけなのでいつでも元の図形に戻すことができる

フィルターは「filter要素」で定義したものを、図形から参照して適用させます。参照にはfilter属性、もしくはCSSのfilterプロパティを使用します。

以下は、ぼかしフィルターをかけた図形のサンプルコードです。結果は 図20 の左端のようになります。

SVG - フィルターの定義と参照

```
<!-- ぼかしフィルターの定義 -->
<filter id="blurFilter">
  <feGaussianBlur stdDeviation="10" />
</filter>
<!-- 時計の図形からぼかしフィルターを参照 -->
<g id="wacth" filter="url(#blurFilter)">
  <circle cx="80" cy="80" r="80"/>
  <circle cx="80" cy="80" r="55"/>
  ...
</g>
```

filter要素の中の「feGaussianBlur要素」によって、画像をぼかすという処理が行われています。この要素を**原始フィルター**といいます。次ページの 表2 に、代表的な原始フィルターとその効果を挙げます。

表2 代表的な原始フィルター要素[18]

原始フィルター名	説明
feGaussianBlur	図形をぼかす。ドロップシャドウでも使用される
feOffset	図形の位置を指定した分ずらす。ドロップシャドウでも使用される
feBlend	乗算やスクリーンなどの混色（ブレンド）モード
feComposite	2つの図形や画像においての合体や切り抜きなどの合成モード
feComponentTransfer	明度調整、コントラスト調整、色バランス、しきい値による色調調整を行う
feColorMatrix	RGBAによる色の交換や透明度などの色変換を行う
feConvolveMatrix	エンボスやベベル、輪郭抽出を行える
feFlood	色の塗りつぶしを行う
feImage	外部のグラフィックファイルを読み込む
feMorphology	図形を太らせる、または細らせる
feMerge	複数のフィルター効果を重ねがけする際に使用する
feMergeNode	feMerge要素内で個々のフィルターを指定する

> ヒント[18]
> IE 10以下、Safari 5.1以下、iOS Safari 5.1以下、Androidブラウザ4.3以下では、filter要素によるフィルター効果は適用できません。

IllustratorのSVGフィルター

IllustratorではいくつかのSVG用のフィルターのプリセットが用意されています。メニューから［効果］→［SVGフィルター］にて確認できます。このSVGフィルター以外のフィルターは、SVGを書き出した際にはフィルター要素として再現されず、基本的にはすべてラスタライズされます。また、SVGファイルとして用意した自作のフィルターを読み込んで適用できます（P.236参照）。

SVGフィルターのジェネレーター

IllustratorのSVGフィルターはプリセットであり、ダイアログで設定できないため、細かな調整に向いていません。とはいえ、コードを直接書くことも難解なので、ブラウザ上で使えるジェネレーターを利用してもいいでしょう 図21 。

> ヒント[19]
> ・Hands On: SVG Filter Effects
> http://ie.microsoft.com/testdrive/graphics/hands-on-css3/hands-on_svg-filter-effects.htm

図21 「Hands On: SVG Filter Effects」[19]でフィルターを生成した例。各フィルターの数値をスライダーで調整でき、フィルターの重ねがけも可能。生成したフィルターのコードをコピーして利用する

アニメーション

SVGのもう1つの大きな特徴としてアニメーション効果が挙げられます。

SVGの場合、複数の図形はそれぞれ個別の要素になっていますから、一枚絵の中にある図形を個別にアニメーションさせることが可能です。こちらもビットマップ画像ではなしえないメリットです。

SVGにアニメーション処理を加える方法は主に以下の3つです。もちろん、これらを併用することも可能です。

- CSS3のtransitionやanimationで動かす
- JavaScriptでDOMを操作する（SVG DOM）
- animate要素で動かす（SMIL）

この3つのそれぞれの特徴を紹介しましょう。

CSS3のtransitionやanimationで動かす

SVGではCSSを使うことができますから、CSS3のtransitionとanimationを使ったアニメーション実装も可能です（ただしIEはCSS3によるSVGのアニメーションに対応していません）。

アニメーションの実装方法はHTMLにおけるCSSと同様です。以下は正円の図形をマウスオーバーした際に色と位置が変わるようにアニメーションさせている例です。

CSS - SVGの要素にCSS3のtransitionやanimationを適用

```
.circle-anim {
  fill: #f00;
  transition: .3s;
}
.circle-anim:hover {
  fill: #000; /* 塗り色を黒に変える */
  transform: translate(0, 30px); /* 30px分下に移動させる */
}
```

SVG

```
<circle x="30" y="30" r="30" class="circle-anim"/>
```

なお、**transition**と**animation**でアニメーションさせる対象は、**CSS**で指定可能なプロパティでなければなりません。SVGで使えるCSSプロパティは「CSSによる装飾」を参照してください（P.219参照）。

SVGではx,yでの配置やwidth,heightでのサイズはCSSで指定することができないので、これらをアニメーションの対象とする際にはCSS3のtransformプロパティを使って疑似的に変化させることになります[20]。

> **ヒント[20]**
> transformの値にpx値を使った場合はSVGの座標系変換の対象となり、1pxの大きさはviewBoxを基準として可変になることに注意してください。上記の例の場合、ブラウザ上の30px分移動するとは限らないということです。

JavaScriptでDOMを操作する（SVG DOM）

SVGの図形はすべてXMLの要素であるということは、JavaScriptを使ってDOM（Document Object Model）を操作することが可能だということです。

DOM操作によって、HTMLのDOM操作によるアニメーションと同様のことが実現できますし、CSSによるアニメーションを併用したり、CSSでは取り扱えないx,y,width,heightなどの属性値を変更する詳細なアニメーション実装が可能になります。

SVG用のJavaScriptライブラリ

SVG DOMの操作にはSVG用のJavaScriptライブラリを使用するようにしましょう。SVG DOM APIにはSVGのみで使える専用メソッドも多いので、思わぬトラブルを防ぐためにも有用です。

SVG用JSライブラリの代表格ともいえるのが「Snap.svg」です。Raphaëlというこれまでのデファクトだったライブラリの開発者であるDmitry Baranovskiyによってゼロから作られたもので、アドビ社の下でオープンソースとして公開されています[21]。

モダンブラウザ（IE9以上、Safari、Chrome、Firefox、Opera）を対象として絞ったことで、SVGの機能のほぼすべてをサポートすることができています。

Snap.svgのanimate()メソッドを使えば、パスの疑似モーフィングなどのアニメーション効果も容易に実装することができます。図22は車のパスから飛行機のパスへモーフィング的に変化させるサンプルです。

> **ヒント[21]**
> ・Snap.svg
> http://snapsvg.io/

図22　車から飛行機の形への変化をアニメーションさせる例

HTML

```html
<head>
  <script src="http://snapsvg.io/assets/js/snap.svg-min.js"></script>
</head>
<body>
  <!-- 車のSVG -->
  <svg id="car-svg" viewBox="0 0 120 120">
    <path d="M108.905,4.033V68.57c0,0.63-0.085,1.186-0.252,1.669 ..."/>
  </svg>
</body>
```

JavaScript - snap.svg でのアニメーション例

```javascript
// 車のSVGをSnapのオブジェクトとして取得
var $snap-car = Snap(document.querySelector('#car-svg'));

// 車のSVGのパスを取得
var $snap-car-path = snap-car.select('path');

// 飛行機のパスのd属性の値
var airplane-path = 'M100.722,1.865c2.147,2.537,2.439,6.148, ...';

// 車のパスと飛行機のパスを入れ替えるモーフィングアニメーション
$snap-car-path.animate(
    {'path': airplane-path}, 1000, mina.easeinout
);
```

この他にもSVGの動的描画に特化したライブラリ（D3.js）などがありますが、Snap.svgは外部のSVGファイルを読み込んで扱う、またはHTML内にすでにあるインラインSVGを扱うなど、**既存のSVGを操作できるのでデザイナーにとっても扱いやすいことが特徴**です[22]。

Code PenなどでもSnap.svgで検索すると多くのアニメーションデモを確認できるので参考にしてみてください[23]。

animate 要素で動かす（SMIL）

animate要素を使ってアニメーションを記述して実装する、SVG特有の方法があります。これを**SMIL（Synchronized Multimedia Integration Language）**といいます。

animate要素を動かしたい図形の要素の子要素として記述するか、もしくは動かしたい要素のidをxlink:hrefで参照することで、目的の図形をアニメーションさせることができます。CSSやJavaScriptで実装するには手間のかかるような、

ヒント[22]

jQueryの$.animate()と互換性を持つ人気のアニメーションライブラリ「Velocity.js」もSVG DOMをサポートしているのでこちらもおすすめです。

•Velocity.js
http://julian.com/research/velocity/

ヒント[23]

•Code Pen - 「snap.svg」の検索結果
http://codepen.io/search?q=snap.svg

例えば、指定のパスに沿って図形を移動させるといったアニメーションも容易に実装可能です。animate要素の他、animateMotion要素、animateColor要素、animateTransform要素という要素があり、それぞれ動き、色、形状をアニメーションさせることができます。

図23はパスに添って図形を動かすanimateMotion要素を使ったサンプルです。

SVG – animateMotion要素の使用例

```
<!-- 波線のパス -->
<path id="mpath" fill="none" stroke="#000" d="M50,59.533c48.681,..."/>
<!-- アヒルの図形 -->
<g transform="translate(-50, -50)">
  <path fill="#FFCC66" d="M78.125,39.812c0,0-6.25-3...."/>
  <path fill="#FF8833" d="M93.75,24.5c-6.25,..."/>
  <ellipse fill="#666666" cx="75" cy="18" rx="3" ry="3"/>
  <animateMotion begin="2s" dur="10s" rotate="auto" repeatCount="indefinite">
    <mpath xlink:href="#mpath"/>
  </animateMotion>
</g>
```

図23 animateMotion要素を使ったアニメーションの例

アヒルの図形の要素の子要素としてanimateMotion要素を置き、沿わせるべきパスとしては、既存の波線の要素をmpath要素にて参照しています。animateMotion要素のpath属性にパスのコードを直接記述することも可能です。

● SMILアニメーションのメリット・デメリット

SMILアニメーションのメリットは実装が容易であることに加え、CSSやJavaScriptでのアニメーションと比較しても描画パフォーマンスが高いことでしょう（ブラウザによりますが）。

一方、デメリットとしてはブラウザのサポート状況が挙げられます。IE 9からSVGをサポートしたInternet Explorerですが、最新バージョンである**IE 11でも、このanimate要素によるSMILアニメーションはサポートしていません**[*24]。

ヒント*24

SVG 2では、SMILアニメーションはCSS animation、CSS transitionなどと統合される方向で検討されており、近い将来的にSVGにおけるアニメーションはさらに使い勝手のいいものとなるでしょう。

また、JavaScriptでの実装に比べてイベントにひも付けにくいことや、callback的にアニメーションさせるタイミングを任意にできないことなど、細かな設定を施せないデメリットもあります。

JavaScriptでの実装の場合、DOM操作によって属性値を書き換えるDOMアニメーションになるために、どうしても描画処理が重くなりがちですが、現状SVGアニメーション実装の最適解はJavaScriptとCSSによるものを組み合わせることだといえるでしょう。

▸ Column

SVGのDOMはHTMLのDOMとは似て非なるもの

SVGのDOMは「SVG DOM」といい、HTMLのDOMとは若干異なるものです。
HTMLにおけるDOMは「DOM Level 1」という仕様に基づくものであるのに対し、SVG DOMは「DOM Level 2」という名前空間に関する拡張がなされた仕様に基づくものとなっています。これにより、JavaScriptにおけるDOM操作においても使用できるメソッドが異なります。例えば、DOMオブジェクトの取得にはHTMLと同様に「getElementById()」や「getElementsByTagName()」が利用できますが、DOMオブジェクトの生成には「createElementNS()」という名前空間を指定するメソッドを使います。

JavaScript - HTML DOM と SVG DOM の扱いの違い

```javascript
// HTML DOMオブジェクトの生成
var square = document.createElement("div");
// SVG DOMオブジェクトの生成・属性値の指定
var square = document.createElementNS("http://www.w3.org/2000/svg",
"rect");
square.setAttribute("width", "300")
square.setAttributeNS("http://www.w3.org/1999/xlink","href", "#id")
```

このため、jQueryでのSVG DOMの操作には一部制限がかかることになります。(jQueryはHTML DOMを操作するためのライブラリであるため)HTMLとSVGのDOMは別物であるという点に留意しておくといいでしょう。

さらに、SVG 2ではDOM Level 2から「DOM4」に変更される予定です。

6-4 IllustratorとSVG

SVGとして利用するべき元のグラフィックはIllustratorを使って作成されることが多いでしょう。この章では、IllustratorからSVGを用意する際の保存方法や、作成時の注意点、保存後の調整方法などを紹介します。

SVGの保存・書き出し

Illustrator CC以降、SVGの保存・書き出しの方法は2種類あります。保存時に詳細に設定できる方法と、お手軽な方法の2種類を以下で解説します。

[SVGオプション] ダイアログボックス

作成したグラフィックをSVGファイルとして保存する方法です。Illustratorの[ファイル]メニューから[別名で保存]、または[複製を保存]をクリックし、表示された保存ダイアログにて[ファイル形式]で[SVG(svg)]を選択して[保存]をクリックすると、[SVGオプション]ダイアログボックスが表示されます図24。

このパネルでSVGのコードを細かく設定可能です。ダイアログボックス下の[詳細オプション]をクリックしてすべての項目を表示させておきましょう。それぞれの設定項目を解説します。

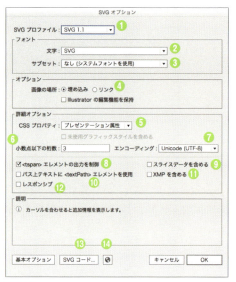

図24 SVG保存時に表示される[SVGオプション]ダイアログボックス

❶ SVG プロファイル

SVGのバージョンを指定します。特に理由がない限り、デフォルトの「SVG 1.1」にしておいて問題ありません。

❷ フォント ー 文字

SVG内のテキストのフォントの扱いを指定します 表3 。

表3 フォント ー 文字の選択肢

項目	説明
[SVG]	テキストは text 要素内の通常のテキストとして書き出される
[アウトラインに変換]	SVG 内のテキストはすべてアウトライン化され、path 要素として書き出される

大量のテキストが含まれる場合、アウトライン化するとSVGのファイル容量が膨れ上がる場合があるので注意してください。

❸ フォント ー サブセット

上記の文字項目を[SVG]にしている場合、グラフィック内で使用しているフォントデータをSVGに埋め込むことができます。この項目ではどういった種類のグリフ（字形）を埋め込むかを選択できます。ただしフォントデータはData URI Schemeでコードとして埋め込まれるので、SVGのサイズが数十MBまで肥大化しがちです[25]。

❹ 画像の場所

ビットマップ画像を配置した場合、その画像を埋め込むか、外部ファイルとして参照するかの選択肢です。用途に応じて適宜選択してください。なお[Illustratorの編集機能を保持]は、Webサイトの画像としてSVGを使う場合ではチェックを外しておきます 表4 。

表4 画像の場所の選択肢

項目	説明
[埋め込み]	ビットマップ画像は Data URI Scheme でコードとして埋め込まれる。この場合、画像は Base64 形式画像の場所（画像などのバイナリデータを文字列に変換する形式）にエンコードされるので、画像のファイル容量は約 1.33 倍に増える
[リンク]	外部の PNG ファイルとして、SVG ファイルとは別に書き出される。Illustrator 内で埋め込みを行った画像でも別ファイルになる

❺ CSS プロパティ

図形の装飾に関する指定方法を選択します 表5 。

ヒント*25

SVGではCSSによるWebフォントを適用させることが可能です。［なし（システムフォントを使用）］を選択しておき、保存したSVGのコードを編集し、Google Fontsなどのdc Webフォントを読み込んでfont-familyをCSSで指定するほうが現実的です。

表5　CSSプロパティの選択肢

項目	説明
［プレゼンテーション属性］	すべての指定を要素の属性値として書き出す。図形が少ない場合や、シルエット的な単体のアイコンの場合ではこちらがいいだろう。また、インラインSVGとして使用する場合、CSSのスタイルのバッティングなどが起きなくなるのでその場合でも有用
［スタイル属性］	装飾の指定がstyle属性によるインラインスタイルとして書き出される。あまりメリットはないので使うことはないだろう。［スタイル属性（実体参照）］も同様
［スタイル要素］	style要素内に書き出される。図形の要素には自動的に「.st0」「.st1」という連番のclassが付与され、そのclassセレクタとして各スタイルプロパティが記述される [26]

❻小数点以下の桁数

　SVG内の要素の配置やサイズの指定に使われる座標の数値の、小数点以下の桁数を指定できます。指定可能な値は1～7です。

```
SVG

<!-- 小数点以下の桁数 7 の場合-->

<ellipse cx="318.603538" cy="249.2480548" rx="173.9676491"
ry="131.4058425"/>

<!-- 小数点以下の桁数 1 の場合-->

<ellipse cx="318.6" cy="249.2" rx="174" ry="131.4"/>
```

　桁数が多いほどSVGを表示した際のグラフィック描画の精度が上がりますが、コードそのものが長くなり容量が肥大化する可能性もあります。逆に桁を少なくすると、図形がぴったり隣接している場合に隙間が空くなど精度は下がりますが、ファイル容量は抑えられます。

　ブラウザで表示させる用途であれば、1～3に設定しておけばいいでしょう。

❼エンコーディング

　XML文書であるSVGのコードのエンコーディングを指定します。通常［Unicode（UTF-8）］にしておけば問題ありません。

❽<tspan>エレメントの出力を制御

　Illustrator上のテキストのカーニングや改行などは、SVGではtspan要素で区切られて出力され、1文字ずつカーニングを行っている場合、膨大なtspan要素が生成されることになります。この生成数を抑える項目で、ファイル容量を抑えることができるのでチェックしておきましょう。

❾スライスデータを含める

　Illustrator上で設定したスライスをrect要素として出力することができます。最終的なSVGとしては必要ないのでチェックマークを外しておきます。

ヒント[26]

CSSでは同じclassを付与すればスタイルを再利用できるメリットがありますが、Illustratorが書き出すスタイルシートのclass分けの精度はあまり高くはありません。書き出したあとのSVGのCSSを編集する前提にする場合、これを選びましょう。

⑩ パス上テキストに <textPath> エレメントを使用

SVGではtextPath要素を使用してテキストを指定のパスに沿って配置できます。Illustratorでパス上文字ツールを使っている場合、チェックマークを付けましょう。

⑪ XMP を含める

ドキュメントの作成者や作成日などのメタ情報を含めるかどうかの項目です。ファイル容量を抑えるためにもチェックマークを外しておきます。こういったメタ情報が必要な場合は、コードを編集して別途RDFで追加記述します。

⑫ レスポンシブ

書き出したSVGのsvg要素に、width属性、およびheight属性を指定しないようにできます[27]。

> **ヒント[27]**
>
> レスポンシブ項目にチェックして書き出したwidth,height属性のないSVGは、再度Illustratorで開くとアートボードのサイズが狂うので注意してください。

SVG

```
<svg version="1.1" id="レイヤー_1" xmlns="http://www.w3.org/2000/svg"
xmlns:xlink="http://www.w3.org/1999/xlink" x="0px" y="0px" viewBox="0
0 1200 800" enable-background="new 0 0 1200 800" xml:space="preserve">
```

これによりレスポンシブWebデザインにおけるFluid Imageと同じく、ブラウザの幅に応じて大きさを可変にできます（P.208参照）。ただし、svg要素にwidth,height属性がないSVGを背景画像として使うとviewBoxの表示がおかしくなることがあるので、用途に応じて選択してください。

⑬ SVG コード

SVGファイルとして保存せず、svg拡張子ファイルの関連付けられているテキストエディタでコードを直接開きます。

⑭ 地球アイコンボタン

SVGファイルとして保存せずにブラウザで直接表示させます。

Illustrator からエディタに直接コピー & ペースト

Illustrator CCからの機能ですが、Illustrator上で図形を選択して、テキストエディタなどにペーストすると、その図形のSVGコードをそのまま貼り付けることができます。この場合アートボードのサイズがviewBoxになるのではなく、選択した図形がぴったり入るサイズのviewBoxが自動で指定されます。

このためHTMLに直接SVGの要素を記述するインラインSVGを使う場合に最適な方法となり、大変便利な機能です（なお、Sketchは同じ方法ではコードをペーストできません）[28]。

ペーストされるSVGのコードは、先に一度でもSVGで保存していれば、そのときのSVGオプションパネルの設定に従います。

> **ヒント[28]**
>
> 選択した図形の中にテキストが含まれていると、ペーストされるのはそのテキストの文字だけとなります。テキストを含む場合は、SVGオプションパネルから保存するようにしてください。

書き出したあとのコード調整

IllustratorからSVGを保存・書き出ししたあと、もちろんそのままの状態でも使用できるのですが、不要な記述や仕様に沿っていない箇所などがあるのでエディタでコードを調整しましょう。

不要な記述を削除する

IllustratorからSVGを保存した場合、SVGの用途によっては各種宣言やsvg要素の属性に不要な記述がたくさんあります。特にインラインSVGとして使う場合では冗長的なものになるので、適宜削除して調整しましょう 表6 。

表6 Illustratorで保存したSVGにおけるsvg要素などの調整

名称	説明
❶ XML 宣言	SVG のエンコードを UTF-8 とした場合、この記述は不要なので削除する
❷ Illustrator で生成した旨のコメント	不要なので削除する
❸ DOCTYPE 宣言	SVG のバージョンを SVG 1.1 Second Edition とした場合は不要なので削除する
❹ SVG のバージョン指定、❺ id 属性	不要なので削除する
❻ SVG の名前空間、❼ xlink の名前空間	単体の SVG ファイル（スタンドアロン SVG）と利用する際は必要。HTML5 におけるインライン SVG として使う場合は不要
❽ x, y 属性	保存する SVG ファイルを他の SVG 内で参照しない限り不要なので削除する
❾ width, height 属性	用途に応じる。SVG をレスポンシブな Fluid Image として使う場合は削除する。CSS での背景画像として使う場合は残しておく。また、削除して CSS でのサイズ指定に変更してもいい（P.246 参照）
❿ viewBox 属性	SVG の表示領域と座標を定義付ける重要な属性なので、基本的には必須となる
⓫ enable-background 属性	filter 要素にて背景画像を使う際に指定する属性。対応ブラウザがほとんどないので削除してしまっていい
⓬ xml:space 属性	XML 内における空白文字を正常に取り扱うようにする指定。SVG 文書を XML としてパースして処理しない場合、削除してしまっていい

このように用途に応じて不要な部分を削除した結果、最短の場合（HTML5の
インラインSVGとして使う場合）では以下のように非常にシンプルになります。

SVG

```
<svg viewBox="0 0 1200 800">
```

日本語の id 名を変更する

Illustrator上にて日本語でレイヤー名などを名称付けた場合、それらの名称は
SVGの要素におけるid名として出力されます。名称がidとして使われるものと
して「レイヤー名」「グループ名」「オブジェクト名」「シンボル名」「SVGフィルター
名」が挙げられ、名称がそのままid名となります。

SVG - id名に日本語が使われてしまう例

```
<g id="レイヤー_1">
  <circle cx="60" cy="60" r="50"/>
  <g id="グループ名"> ... </g>
</g>
<g id="レイヤー_2"> ... </g>

<symbol id="検索" viewBox="-18 -18 36 36"> ... </symbol>
<use xlink:href="#検索" ... />
```

日本語のid名がある場合、そもそも仕様に基づいていませんし、symbol要素
の参照などが正常に表示されないなどの不具合の原因となります。id名に使用可
能な文字種（半角英数、およびいくつかの記号）に変更しましょう。

Illustrator上では、**レイヤー名などにはそもそも日本語を使わないようにする
ことが効率的です**[29]。

ヒント[29]

プリセットのシンボルや
SVGフィルターにはもと
もと日本語の名称が付い
ているので、保存したば
かりのSVGのコードは必
ず確認するなど注意しま
しょう。

パスの精度を確認し、座標値を調整する

IllustratorからSVGを保存する際、先述の「SVGオプションパネル」にて、座
標値の小数点以下の桁数を制御できます。これは小数点以下の桁を指定の桁に四
捨五入して丸められるものです。

座標値の桁数が少ないほうがコードの記述量とファイル容量が減るため、それ
に越したことはないのですが、この**座標値の桁数がSVGの描画精度に関係して**
きます。

例えば図形どうしのパスがぴったりと隣接している場合、桁数を減らして精度
が低くなることで、隙間が開いてしまうことがあります。座標値が丸められたこ

とでそれぞれの図形の配置やパスが、全体的に微妙にずれてしまうのです 図25 *30。

このような場合、小数点以下の桁数を増やして精度を調整しましょう。なお、そもそもIllustratorで図形を配置する際に、アンカーポイントの座標をなるべく整数値にそろえたほうが、このようなずれが生じにくくなります。

図25 桁数が少なく、精度の下がったパス

> **ヒント*30**
> Illustratorの画像トレースのプリセットのうち、[3色変換][6色変換][16色変換][グレーの色合い]でトレースを行うと例のような精度の低いものになりやすくなります。[写真（高精度）][写真（低精度）]では、トレースされた各パスがそれぞれ重なりあうように余裕をもってトレースされるので、上記のトラブルは起きにくくなっています。このように画像トレースの設定の見直しでも回避することができます。

オリジナルのSVGフィルターを適用させる

Illustratorの「SVGフィルター」にはプリセットのフィルターがいくつか用意されていますが、あまり使い勝手のいいものはそろっていません。

独自にSVGのフィルターを用意すればIllustratorで読み込み適用させることが可能です。

❶ フィルターだけを記述したSVGファイルを用意する

用意するフィルターとして、filter要素のみを定義したSVGファイルとして保存します。以下のサンプルコードのように1つのSVGファイルの中にfilter要素を複数定義してかまいません。

SVG - フィルター定義のみのSVGファイル

```svg
<svg xmlns="http://www.w3.org/2000/svg">

  <filter id="textFilter1">
    <feTurbulence type="fractalNoise" baseFrequency="0.015" numOctaves="2" result="turbulence_3" data-filterId="3" />
    <feDisplacementMap xChannelSelector="R" yChannelSelector="G" in="SourceGraphic" in2="turbulence_3" scale="65" />
    <feGaussianBlur stdDeviation="10" />
    <feSpecularLighting specularExponent="20" surfaceScale="5">
      <feDistantLight elevation="28" azimuth="90" />
    </feSpecularLighting>
    <feComposite operator="in" in2="inputB" />
    <feComposite operator="arithmetic" k2="1" k3="1" in2="inputB" />
  </filter>
```

```
<filter id="pictureFilter1">
  <feMorphology operator="dilate" radius="6" />
</filter>

<filter id="pictureFilter2">
  <feColorMatrix type="luminanceToAlpha" />
  <feDiffuseLighting diffuseConstant="1" surfaceScale="10" result="diffuse3">
  <feDistantLight elevation="28" azimuth="90" /></feDiffuseLighting>
  <feComposite operator="in" in2="inputTo_3" />
</filter>

</svg>
```

各filter要素のid名は、Illustratorでは各フィルターの名称として表示されるので、フィルターの効果がわかりやすい名称にしておきましょう[31]。

ヒント[31]

Illustratorではコードからfilter要素だけが読み込まれるので、図形を記述していても無視されます。フィルターを適用したSVGの図形をそのまま読み込んでも問題ありません。

---

❷ Illustrator で読み込む

[効果] メニューの [SVG フィルター] - [SVG フィルターの読み込み] をクリックします。[SVG ファイルの選択] ダイアログボックスが表示されるので、上記で用意したSVG ファイルを選択します。

SVG ファイル内のfilter要素が問題なく記述されていれば、正常に読み込まれたフィルターの数などのレポートダイアログが表示されます。

❸ 読み込んだ独自のフィルターを適用させる

[効果] メニューの [SVG フィルター] をたどれば、先ほど読み込んだフィルターが選択肢の最後に表示されています。

これを選択中の図形や画像の適用させれば完了です。パスの図形や画像はもちろん、テキストにも効果を適用させることができます。

次ページの図は、オリジナルで用意したフィルターを各図形に適用させ、Illustrator上でプレビューできている例です 図26 。

図26 図形を歪ませるようなオリジナルのフィルターもIllustrator上でプレビューすることができる(プレビューは完全ではない。この場合色味が変わって見えるが、書き出し後のSVGでは問題ない)

　このグラフィックをSVGとして保存すれば、もちろんこのフィルターが適用された状態で表示されます。

Column

フィルターを自作するには

　オリジナルのフィルターのコードは、自作するにはなかなか難解です。IllustratorではSVGフィルター機能は充実していませんから、オープンソースのベクターグラフィックツールである「Inkscape」[*32]を使いましょう。
　グラフィックをゼロから制作するには少々クセのあるツールですが、ほぼSVG専用ツールであるため、SVGに関する機能は非常に充実しています。Inkscapeでフィルターを適用させたグラフィックをSVGファイルとして保存し、先述の方法でIllustratorに読み込んで使用することが可能です。
　ただし、InkscapeのSVGフィルターはIllustratorではプレビューできないものが多く、Inkscapeで保存したSVGのコードを若干調整する必要があります。

ヒント*32
- Inkscape
https://inkscape.org/ja/

SVG書き出し後にフィルターが見切れる場合は

　オリジナルのフィルターを使った場合などに多いのですが、ぼかしをかけるようなフィルターが 図27 のように表示領域から見切れてしまうことがあります。
　多くはぼかしの範囲に対してviewBoxの領域が足りていないことが原因で、ぼかしを適用させた図形をシンボルとした場合に多いトラブルです。適宜

viewBoxの値を増やすことで解決できるでしょう。

SVG - viewBox を広げる

```
<!-- 元のviewBox -->
<symbol id="circle-shadow" viewBox="0 0 230 230">

<!-- 領域を広げたviewBox -->
<symbol id="circle-shadow" viewBox="-30 -30 260 260">
```

図27 ドロップシャドウが見切れている例

　また、filter要素にもx,y,width,height属性があることが原因のケースもあります（filter要素にも配置とサイズの座標指定があるということです）。これらの属性値が指定されている場合、広げることで解決することもあるでしょう。

　さらに、それらの配置とサイズの座標値の基準として「親SVGの座標系基準にするか」「フィルターをかける図形が持っている座標系基準にするか」も関係します。

　座標系の基準はfilterUnits属性で指定します。**filterUnits属性の値に「objectBoundingBox」を指定**して、個別の図形が持つ座標系を基準にするほうが使い勝手がよくなります。

　以下のコードでは、調整後のfilter要素では図形の持つ座標系を基準にするようにし、フィルターの配置とサイズを図形の配置とサイズに対して相対値で指定するように調整しています。これにより、図形のサイズや配置が変わってもフィルターの効果がずれたり見切れることはなくなります。

SVG - filterUnits 属性で適用範囲の座標系を指定

```
<!-- 調整前：元のfilter要素 -->
<filter id="dropshadow" filterUnits="userSpaceOnUse" y="0" x="0"
width="140" height="140">
<!-- 調整後：図形の座標系を基準とし、領域を広げたfilter要素 -->
<filter id="dropshadow" filterUnits="objectBoundingBox" y="-15%" x="-
15%" width="140%" height="140%">
```

SVG で再現できないこと

ヒント*33

SVGで保存するとこのような再現されない表現情報は失われ、再度Illustratorで開いての編集が困難になります。必ず「別名で保存」もしくは「複製を保存」でSVGファイルを用意するようにしましょう。

　Illustratorで作成したグラフィックはSVGとして表示させてもかなりの精度で再現されますが、完全ではありません。極端にいえば、SVG 1.1 SEは、Illustrator 8の機能に相当し、SVGを保存する際に失われるものや再現されないものも多くあります。制作時の注意点も踏まえて紹介します[33]。

アピアランスはすべて分割される

アピアランス機能はIllustrator 9から搭載された機能です。図形の塗りと線の重ね順を変更したり、元の図形を変更することなく変形や複製できたりと、今では不可欠な便利な機能です。

SVG 1.1 SEには同様のことを再現する機能はないため、保存時には自動的にアピアランスが分割された状態となります。

同じ図形の塗り色違いや線違いを重ねることで表現されるので、図形の要素の数が純粋に増えることになり、SVGファイルの容量を圧迫しかねません。アピアランスをあまりに多用したグラフィックをSVGにする場合は注意が必要です。

Column

SVG 2のpaint-order属性

SVG 2ではpaint-order属性により、塗りと線とマーカーの適用順が指定できるようになります。以下のコードでは線よりも塗りが上に描画されます。Google Chromeであればバージョン35から先行実装されているので、ぜひ試してみましょう。

SVG – paint-order属性の使用例

```
<circle fill="#f00" stroke="#000" stroke-width="20" cx="90" cy="90"
r="90" paint-order="stroke"/>
```

ブラシ、ブレンド、エンベロープも分割される

ブラシ、ブレンド、エンベロープも同様の理由から、保存時に分割されます。特にアートブラシなどは膨大なpath要素に分割されがちなので、SVGの容量を跳ね上げることになります。

これらはラスタライズしてからSVGに保存したり、または画像全体そのものをPNG形式などで書き出したりしたほうが軽量になる場合があります。

線の位置の「内側に揃える」「外側に揃える」も分割される

線の位置の「線を内側に揃える」「線を外側に揃える」（P.47参照）も同様に、複数の図形に分割されます。SVGでは図形の線は必ずパスを中央にしてそろえられます。

メッシュグラデーションはラスタライズされる

　線形と円形のグラデーションは再現されますが、メッシュグラデーションはラスタライズされ、別途PNGファイルまたは埋め込み画像が生成されます。その際、図形の塗りとして参照されるのではなく、図形のパスそのものも含めてラスタライズされるのでSVG 1.1 SEにおいてはメッシュグラデーションの使用は控えたほうがベターでしょう[34]。

> **ヒント*34**
>
> SVG 2ではmeshGradient要素の追加により、メッシュグラデーションが実装可能になる予定です。

画像ブラシもラスタライズされる

　画像ブラシも同様にラスタライズされます。こちらもパスごとのラスタライズとなります。

乗算などの描画モードは無視される

　乗算、スクリーン、焼き込みカラーなどの描画モードは無視されます。なおSVGでは描画モードのうち**「乗算」「スクリーン」「比較（暗）」「比較（明）」の4つについては、feBlend要素を使用して表現することが可能**です。保存後のSVGのコードを自力で編集すれば実装はできる、ということになります。以下は2つのビットマップ画像を乗算で重ねるサンプルコードです。

SVG - 乗算で2枚の画像を重ねる例

```
<filter id="multiply" x="0" y="0" width="100%" height="100%" primitiv
eUnits="objectBoundingBox">
  <feImage xlink:href="image02.jpg" result="img2" />
  <feBlend mode="multiply" in="SourceGraphic" in2="img2"/>
</filter>

<image id="img1" x="0" y="0" width="300" height="300"
xlink:href="image01.jpg" filter="url(#multiply)"/>
```

SVG を軽量化する

　Illustratorでのグラフィックの作り方によっては、SVGファイルの容量は簡単に肥大化してしまいます。通信が発生している以上、Webサイトにおけるリソースは少しでも軽量なほうが望ましいものです。SVGの作成時におけるノウハウ

を理解しておき、SVGを少しでも軽くできるように心がけましょう。

アンカーポイントの数を減らす

ベクターグラフィックの場合、その**ファイル容量に直結で影響するのがアンカーポイントの数**です。SVGの要素でもパスはアンカーポイントごとに座標指定をしますから、数が多ければコードも比例して長くなります。

Illustratorでは［オブジェクト］メニューの［パス］-［単純化］をクリックして、アンカーポイントの数を減らすことが可能です。

図28 は、パスの単純化でアンカーポイントを減らした際のSVGの容量の比較です。グラフィックとしてはほとんど変わりない見た目を確保しつつ、ファイル容量を大幅に削減できています。

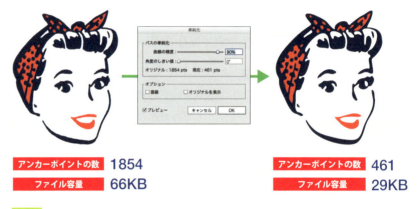

図28 アンカーポイントを減らすことで、ファイル容量を50％以上減らすことができている

非表示のレイヤーはSVG保存時に削除しておく

Illustratorで非表示にしているレイヤーやグループ、オブジェクトは、実はSVGには「display="none"」の非表示の要素として書き出されます。つまり、以下のように使わない要素までコードとして含まれることになります。

```
SVG - 非表示レイヤーでも要素は存在する
<g id="レイヤー_2" display="none">
  <circle cx="50" cy="50" r="50"/>
</g>
```

明らかに使うことがないレイヤーやオブジェクトであれば、SVG保存時には削除しておきましょう。

また、アートボードの外側にあるオブジェクトも要素としてコードに書き出されます。表示領域の外にあるためSVGにおいては表示されませんから、こちらも同様に使うことがない図形なら削除しておきましょう。

書き出し時の「小数点以下の桁数」を「1」にする

SVG保存時のSVGオプションパネルで、可能であれば「小数点以下の桁数」を「1」にしましょう。桁数が少ないほどファイル容量を減らすことができます（P.232参照）。

座標値の桁数が大きければグラフィックの描画精度は上がりますが、パスが多ければ多いほどコードが肥大化します。

以下のコードでは、桁数が少ないほうがコードとしての容量を減らせることが一目瞭然です。桁数は最低限まで抑え、コードの肥大化を防ぎましょう。

SVG - 小数点以下の桁数の違い

```
<!-- 小数点以下の桁数 7 の場合-->
<rect x="0" y="47.5417205" width="67.2130093" height="52.4596301"/>
<rect x="92.6230585" y="0" width="105.7386649" height="68.0338974"/>

<!-- 小数点以下の桁数 1 の場合-->
<rect x="0" y="47.5" width="67.2" height="52.5"/>
<rect x="92.6" y="0" width="105.7" height="68.0"/>
```

以下のような方法で、パスの精度にとらわれない作り方をして、描画の崩れを防ぐことも効果的です。

- パスが少々ずれてもいいように、**図形の隣接部分は重ね合わせる**
- **アンカーポイントの位置を整数値にする**

複数回使う図形はシンボルにしてモジュール化する

同じ図形を使いまわしたい際、特に複雑なパスを持つ図形を何度も使うと、同じコードが複数回記述されて容量も比例して増えていきます。このような場合、使いまわす図形をシンボルに変換して再利用するようにしましょう。

IllustratorのシンボルはSVGにおけるsymbol要素とuse要素として書き出され、ほぼ完璧に再現可能です。図形をモジュール化することによりコードを短くできますし、また見通しもよくなります 図29 。

図29 同じ図形を繰り返し使うのであれば、symbol要素とuse要素でモジュール化したほうが、断然コードを短くできる

長大な図形のコードをuse要素の短いコードで再利用できるようになり、複雑なパスを持つ図形であればあるほど、より軽量化できる効果的な対策です。

アピアランス、ブラシなどは多用しすぎない

アピアランスやブラシ、ブレンドなどはSVG保存時に必ず分割され、場合によっては膨大なpath要素が生成されることになります。

分割されるようなこれらの効果はそもそもの多用を避けましょう。どうしても使用したい場合はあらかじめラスタライズしておくといいでしょう。

ビットマップ画像の埋め込みには注意する

Illustrator上で配置したビットマップ画像はSVGファイル内に埋め込むことが可能ですが、**Base64形式にエンコードされ**、**Data URI Scheme**にて文字列として埋め込まれ、**SVGのコードは膨大なものとなりがち**です[35]。結果、ファイル容量も膨大なものとなります（逆に、HTTPリクエストを減らすメリットはありますが）。

SVG - 画像がBase64で埋め込まれた例

```
<image xlink:href="data:image/png;base64,iVBORw0KGgoAAAANSUhEUgAAAIgA
AABmCAYAAAAQ9NmgAAAACXBIWXMAAAsSAAALEgHS3X78AAAAGXRFWHRTb2Z0d2FyZQBBZG
9iZSBJbWFnZVJlYWR5ccllPAAANoZJREFUeNrs ... "/>
```

ヒント*35

Base64形式にエンコードされた画像は理論上、その容量が約1.33倍に増えることになるのでSVGの容量はさらに増えることになります。またブラウザの描画負荷も高くなってしまいます。

ビットマップ画像の埋め込み（フォントの埋め込みも同様）については、あまり大きなものは扱わないようにしましょう。基本的には大きな画像は外部ファイルとして書き出すほうがいいでしょう。

SVGO で最適化する

書き出したあとのSVGファイルであれば、「**SVGO**」というSVG専用の最適化ツールで軽量化させることができます[36]。ターミナルなどで動作させるコマンド版「SVGO」と、GUIで使える「SVGO GUI」があります。SVGファイルの最終的な最適化を行うためにも、ぜひ使っておきたいツールです。

コマンド版では多様なオプションが用意されており、以下のような綿密な最適化が可能です。この項で説明したコード調整のほとんどを自動で行えます。

- **XML宣言やDOCTYPE宣言、コメントなどの不要な記述を削除**
- **属性値内の無駄な空白の削除**
- **空のコンテナ要素とtext要素を削除**
- **座標値の小数点の桁数を最適化**
- **id名やclass名を短縮化**
- **基本図形をpath要素に変換**
- **同じ塗りと線の図形を合体させて複合パスに変換**

SVGOはCUIコマンドなので、もちろんGruntやgulpといったタスクランナーで使用して最適化を自動化することも可能です。

GUI版の「SVGO GUI」は、Windows版・Mac版が用意されています。複数のSVGファイルをドロップするだけで一括で最適化できるので、基本的にはこちらのGUI版を使っておけば問題ないでしょう。ただしコマンド版と違い各オプションをGUIから設定することはできません。

細かい設定をしつつ、コードもプレビューできるブラウザ版の「SVGO's Missing GUI」[37]やIllustratorから書き出しできる「SVG NOW」[38]もあります。

ただし、**これらのSVGOのツールが行ってくれるのは、あくまで「不要な部分、冗長的な部分の最適化」**です。もともと重いSVGファイルを劇的に軽量化してくれるわけではありません。やはりグラフィック作成時において、先に「SVGを軽量化する」で紹介したような対策をしておくことが重要です。

ヒント*36

- SVGO（SVG Optimizer）
https://jakearchibald.
github.io/svgomg/

ヒント*37

- SVGO's Missing GUI
https://jakearchibald.
github.io/svgomg/

ヒント*38

「SVG NOW」はIllustratorのアドオンです。まだベータ版のため、アートボードごとの書き出しに対応していないといった使いにくい点もありますが、SVGOのオプション項目をそれぞれ設定することができ、綿密な最適化が可能です。単体のアイコンなどの書き出しに向いているでしょう。

- SVG NOW
https://creative.
adobe.com/addons/
products/4272#.
VQgBkIGsWxz

CHAPTER 6

6-5 HTML内でのSVGの表示

SVGはベクター画像であり文書であり、マルチデバイスなWebに適した、さまざまな用途に使うことができるフォーマットです。HTML内でのSVGの表示方法、実装時の注意点などを十分に理解しておきたいところです。

HTMLへの埋め込み方

単にSVGをHTML内で使うといっても、いくつかの方法があります。さらに現状ではブラウザ間で表示のされ方に差異があったり、サポート状況も微妙に異なるので、SVGをどう使うかに合わせて実装方法を選ぶことになります[39]。

HTML内でSVGを表示させる方法は大きく分類して以下の4種類です 図30。

- **img要素で参照する**
- **object要素、embed要素、iframe要素で参照する**
- **CSSのbackgroundやcontentで参照する**
- **HTML5にインラインSVGで記述する**

ヒント*39

IEでは、SVG内のanimate要素、およびCSS3でのアニメーションに対応していません。アニメーションさせるにはJavaScriptで実装するしか方法はありません。
Androidでは、AndroidChromeの一部において、SVGのpreserveAspectRatio属性（拡縮時のアスペクト比の保持方法を指定する属性）にバグがあります。svg要素にviewBoxとwidth,height属性、preserveAspectRatio属性を適宜指定するようにしましょう。
また、IE 10以下、Safari 5.1以下、iOS Safari 5.1以下、Androidブラウザ4.3以下では、filter要素によるフィルター効果は適用できません。

HTML	HTML	CSS	HTML5
<img>	<object> <embed> <iframe>	background content	inline SVG

外部ファイル参照 　　　　　　　　　　　　　　インライン

図30 大きく分けて4種類の表示方法

これらの方法の特徴や相違点についてはぜひ理解しておきましょう。図31のようなSVGを用意してそれぞれの表示方法を解説します。

ベクターフォーマット「SVG」を使いこなす

246

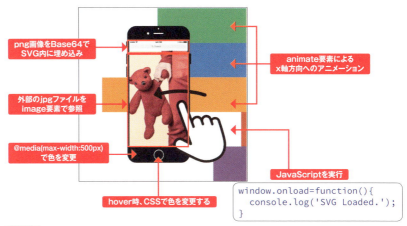

図31 画像の外部参照、画像の埋め込み、SMILアニメーション、JavaScriptの処理を内包するSVGを用意

img 要素で表示する

　PNGやJPEGなどと同様、通常の静止画像として表示させる一般的な方法です。単体のSVGファイル（スタンドアロンSVG）を参照して表示させます 図32 。

HTML
```
<img src="sample.svg" alt="サンプル画像" width="400px" height="400px">
```

図32 SVGファイルをimg要素で表示させた例。SVG側のSMILアニメーションは動作している。外部の画像ファイルは表示されていない

　図32 では**外部リソースであるJPEGファイルが読み込まれず表示されておらず、Base64で埋め込んだ画像は表示されている**ことがわかります。なお、IE

のみ外部の画像ファイルも読み込まれて表示されます。

主な特性

- SVGファイル内で参照している外部リソース（画像やCSS、JSファイルなど）は読み込まれない

  ※IEでは参照している外部の画像も読み込まれ表示される
- SVGファイル内のJavaScriptは実行されない
- SVGファイル内のハイパーリンクは無視される
- CSSのhover疑似クラスなどのカーソルイベントも無効になる
- SVGファイル内のanimate要素、CSSでのアニメーションは動く（IEを除く）
- SVGファイル内のMedia Queriesも有効

  ※@media (max-width: 500px)とした場合、imgの幅が基準となる

  ※Firefoxでは基準がブラウザ幅になるバグがある
- img要素にwidth,height属性があれば、その大きさで表示される
- img要素にCSSでwidth,heightの指定があれば、これが最も優先されてその大きさで表示される
- img要素のサイズが未指定で、SVGファイルのsvg要素にwidth,height属性の指定があれば、svg要素の大きさで表示される
- img要素のサイズが未指定で、SVGファイルのsvg要素にもwidth,height属性の指定がなければ、HTMLでの親要素の幅に応じるFluid Imageとなる

  ※IEでは、SVGのサイズ指定が何1つ存在しないことになり小さく表示される [40]

Fluid Imageにする

img要素のSVGをどのブラウザでもFluid Imageにするには、CSSで以下のように指定します。IE対応としてwidth: 100%;を忘れてはいけません。

CSS

```css
img[src$=".svg"] {
    max-width: 100%;
    width: 100%;
    height: auto;
}
```

ヒント*40

img要素にもsvg要素にもサイズの指定がない場合では、通常Fluid Imageになるのですが、IEのみ強制的に高さ150pxで表示されてしまいます。img要素でSVGを表示させる場合は、属性もしくはCSSでimg要素のサイズ（pxでも%でも可）を必ず指定するようにしましょう。

object 要素で表示する

SVGファイルをobject要素で表示するには、次のように記述します 図33 。子要素としてフォールバック用の代替画像を指定できることが特徴です。

```html
<object type="image/svg+xml" data="sample.svg">
    <!-- SVG非対応の場合の代替画像 -->
    <img src="sample.png" alt="サンプル画像">
</object>
```

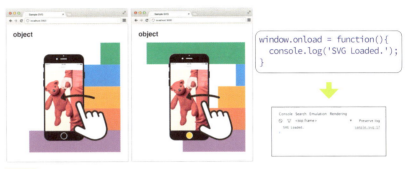

図33　SVGファイルをobject要素で表示させた例。外部の画像も表示され、CSSのhover処理が動作しており、またJavaScriptも動作している

取り扱い方としては先のimg要素での例とほぼ同じになりますが、object要素で表示させた際はSVG内で参照している外部リソースも読み込まれます。また、SVG内のJavaScriptも実行されるなど、SVG側のさまざまなインタラクションも動作します。

主な特性

- SVGファイル内で参照している外部リソース（画像やCSS、JSファイルなど）も読み込まれる
- SVGファイル内のCSSカーソルイベントも有効
- SVGファイル内のJavaScriptも実行される
- 親HTML側からSVGファイル内のDOMを操作できる
- object要素およびSVGファイルのsvg要素でのサイズ指定の有無による表示の違いは、img要素と同様（P.248参照）

- Fluid Imageにする CSS指定も img要素と同様
- SVGファイル内の Media Queriesも有効
  ※ @media (max-width: 500px)とした場合、objectの幅が基準となる。img
     要素の場合と異なり、Firefoxでも正常に動作する
- SVG非対応ブラウザでの代替画像を表示するフォールバックが容易

このように object要素では、**SVGの機能の多くを使うことができるメリット**があります。

object 要素で表示するデメリット

object要素を使うデメリットの第一は、イベント処理の問題です。object要素をクリックするなどした場合、親HTML側のイベントとしてはすり抜けてしまい、中のSVG側のイベントとして扱われます。要は「object要素をa要素で囲ってリンクとすることができない」ということです。**object要素内のイベント処理が優先され、親であるHTML側にはイベントにはバブリングしない**ため、SVG側のイベントを無効にするなどの対処が必要です。

次にフォールバックによるパフォーマンスの問題です。SVG対応ブラウザの多くでは**svgファイルと代替PNG画像のどちらも読み込まれてしまう**のです。詳細や対処方法はフォールバックの項で後述します（P.259参照）。

親 HTML 側から object 要素内の SVG を操作する

object要素内のSVGに対して、親のHTML側からJavaScriptを使用してDOMにアクセスしたり、変数を渡すことができます。

変数を渡すには object要素内の param要素で変数を定義します。定義したparamの値は以下のように JavaScriptで取得することができます[41]。

ヒント*41

SVGでのJavaScriptは、HTMLと同様、script要素を使って挿入します。外部JSファイルの参照は、<script xlink:href="xxx.js"/> とします。script要素内にJavaScriptを書く場合は、<![CDATA[]]>で囲うようにします。

HTML 側の object 要素

```
<object type="image/svg+xml" data="sample.svg">
    <param name="param1" value="value1" />
    <param name="param2" value="value2" />
</object>
```

SVG 側の JavaScript

```
var paramArray = [];

var params = document.defaultView.frameElement.
getElementsByTagName("param");  // paramの内容を連想配列として取得
```

```
for (var i = 0, n = params.length; n > i; i++){
    var param = params[i];
    var name  = param.getAttribute("name");
    var value = param.getAttribute("value");
    paramArray[name] = value;
}
```

またcontentDocumentプロパティを使えば、object要素内のSVG DOMを取得して操作することも可能です。

HTML側のJavaScript

```
var svgDom = document.getElementById("objectId").contentDocument;  // onject要素を指定してSVGの構造を取得
var svgButton = svgDom.getElementById("button");   // SVG内のDOMを取得
svgButton.style.setProperty("fill", "#f00");
```

CSSのbackgroundプロパティで背景画像として使う

SVGファイルをCSSによる背景画像として表示することも可能です 図34 [*42]。

CSS

```
.svg-bg {
    width: auto;
    height: 400px;
    background: url('sample.svg') center center repeat;
}
```

> **ヒント°42**
> before/after疑似要素のcontentで表示させる場合は、背景画像ではなく普通の画像として表示させているのに等しくなります。つまり、img要素で表示させる場合と同様になります。

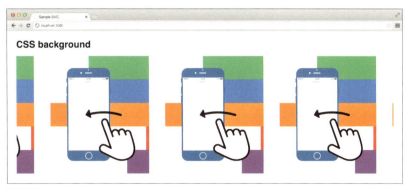

図34　SVGファイルを背景画像としてリピート表示させた

なお、SVGファイルのsvg要素にwidth,height属性の指定がある場合とない場合では、表示のされ方やリピートのされ方が変わるので、通常のビットマップ画像とは扱いが違ってきます。

主な特性

- SVGファイル内で参照している外部リソース（画像やCSS、JSファイルなど）は読み込まれない（IEを除く）
- SVGファイル内のハイパーリンクは無視される
- SVGファイル内のJavaScriptは実行されない
- CSSのhover疑似クラスなどのカーソルイベントも無効になる
- SVGファイル内のanimate要素、CSSでのアニメーションは動く（IEを除く）
- background-sizeによる背景画像のサイズ指定も可能
- SVGファイル内のMedia Queriesも有効
  ※ @media (max-width: 500px) とした場合、background-sizeで指定したSVGの表示サイズが基準となる
- CSS Spriteの実装も可能

svg要素のwidth,height,preserveAspectRatioと、background-sizeの組み合わせが鬼門

SVGファイルのsvg要素にwidth,height属性の指定がある場合は、通常のビットマップ画像と同様に扱えますが、ない場合は他の属性などとの関係で表示のされ方が変化します。

- svg要素にwidth,height属性の指定がない場合、かつ、CSSのbackground-sizeの指定がない場合、SVGのサイズはHTML側の要素の幅もしくは高さのどちらかに合わせて調整され（background-size:cover;のような挙動）、縦方向か横方向のどちらかにのみリピートされる（ 図34 の状態）
  ※この場合、IEではrepeatおよびbackground-positionが無効になる
- background-sizeを別途指定するとSVGの表示領域の比率が崩れ、リピートがずれる 図35
  ※ただし、svg要素のpreserveAspectRatio属性の設定に準じるものでありバグではない

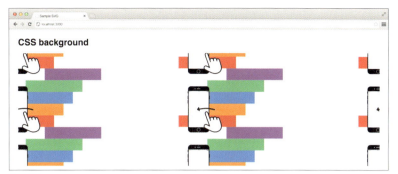

図35 svg要素にサイズ指定のない場合にbackground-sizeを指定すると、viewBoxが横に広がってしまいリピートがずれる

　SVGを背景画像として使用する場合は、**CSS側のbackground-size**と、**SVG側のpreserveAspectRatio**が競合することになりますから、少なくとも**svg要素にwidth,height属性を指定しておく**とより確実に表示させることができます。

　なお、background-sizeでのみSVGのサイズや比率を変更したい場合はpxによる絶対値で指定するか、もしくはSVG側にpreserveAspectRatio="none"を指定しておきましょう。

HTML5内でインラインSVGで表示する

　HTML5では、HTMLの要素の中に直接SVGの要素を記述することが可能になりました。これを「**インラインSVG**」といいます。HTMLの要素中にSVGの要素を統合することで、SVGの持つ機能のすべてを利用することが可能になります。HTML5においては名前空間の概念がないこともあり（SVGの名前空間が内包されている状態）、HTMLに<!DOCTYPE html>の宣言さえあれば、svg要素での各種宣言は必要ありません 図36 。

HTML5 + Inline SVG
```
<!DOCTYPE html>
<html lang="ja">
<body>
    <h1>HTML5 + Inline SVG</h1>
    <div class="block">
        <!-- HTMLの中に直接書けるインラインSVG -->
```

```
            <svg viewBox="0 0 980 980" class="svg-inline">
                <rect width="980" height="196" fill="#2BCC71"/>
            </svg>
        </div>
    </body>
```

図36 HTML5内にインラインSVGを表示させた例。SVGのすべての機能を使うことができる上に、HTMLの要素と同様に扱うことができる

主な特性

- SVGのすべての機能が使える
- SVG内の要素を、HTMLの要素と同じように扱える
- SVG用のJavaScriptとCSSも、HTMLのものと一緒にできる
- SVG内で参照している外部リソース(画像やCSS、JSファイルなど)は読み込まれる
- SVGのDOMがHTMLのDOMに統合されるため、JavaScriptによるDOM操作が容易
- Media Queriesも有効
  ※ @media (max-width: 500px) とした場合、ブラウザの幅が基準となる
- SVG非対応ブラウザでの代替画像を表示するフォールバックが面倒
- SVG要素のサイズ指定が難しい

svg要素のサイズ指定が難解

　IE以外のブラウザではsvg要素にwidth,height属性の指定がない場合、それだけでFluid Imageとなります。

しかしIEにおいては、height: auto;やheight: 100%;としてもsvg要素の高さの確保はされず、強制的に150pxになってしまいます。img要素を使った場合のサイズ未指定時の問題と同じ現象です（P.248参照）。IEでは、svg要素に対して属性またはCSSにて「px」でサイズ指定しましょう。

逆に、svg要素にwidth,height属性の指定がある場合は、ChromeとSafariで問題が起きます。CSSにwidth: 100%; height: auto;を指定しても完全なFluid Imageにはなりません。ブラウザ幅がsvg要素のサイズを超えた場合、SVGのviewBoxの表示領域指定を無視した表示になります。

Fluid Imageにする方法

svg要素にサイズを指定すればChromeとSafariで、サイズを指定しなければIEでの表示がおかしくなります。すべてのブラウザでインラインSVGをFluid Imageとするには、svg要素をさらにdiv要素などで囲い、CSSを以下のように指定することで対応します[43]。

ヒント[43]

YouTubeなどの動画の埋め込みではiframe要素が使われますが、それをレスポンシブ対応する際に使われるテクニックの応用です。

HTML - svg要素をdiv.svg-inline-wrapで囲う

```html
<div class="block">
    <div class="svg-inline-wrap">
        <svg viewBox="0 0 980 980" class="svg-inline">
            <rect width="980" height="196" fill="#2BCC71"/>
            ...
        </svg>
    </div>
</div>
```

CSS

```css
.svg-inline-wrap {
  position: relative;
  height:0;
  padding-top: 100%;
}
.svg-inline {
  display: block;
  position: absolute;
  max-width: 100%;
  width: 100%;
  height: 100%;
  top:0;
  left:0;
}
```

「.svg-inline-wrap」のpadding-topの値にはSVGのアスペクト比を指定します。「SVG画像の高さ / SVG画像の幅 * 100%」の値となります。上の例ではSVG画像は980×980、つまりアスペクト比は1なので100%です。

インラインSVGでは、pxによる絶対値指定か、または上記の方法によるFluid Imageとするかの2択でサイズ指定を行えばいいでしょう。

インライン SVG のデメリット

インラインSVGの最も大きなデメリットとしては、HTML内の要素として記述するためコードが必然的に長大化し、見通しが悪くなってしまうことです。またそれに伴い、HTMLに統合されることでリソースの分割管理がしづらくなり、双方のメンテナンス性が落ちてしまうことが挙げられます。

なお、JavaScriptによるテンプレートエンジン[44]の**「Jade」や「Slim」などを使えば、開発時のみSVGを外部ファイル化しておき、HTML側にインクルードして実装を進めることが可能**です。コンパイルしたHTMLでは統合されてインラインSVGとなるので、この問題を解決することができます。

> **ヒント*44**
>
> テンプレートエンジンはHTMLの制作を効率化するツールです。詳しくはそれぞれの公式サイトで確認してください。
>
> ・Jade
> http://jade-lang.com/
>
> ・Slim
> http://slim-lang.com/

各ブラウザでの SVG 表示の相違点まとめ

このように、SVGの参照のさせ方やブラウザによってSVGの表示結果がかなり変わりますが、少々ややこしいので、ヒントとなるよう 表7 にまとめました。

例えば、サイトロゴなどの純然な静止画として使うのであればimg要素での表示が向いていますし、インタラクションを含めるのであればインラインSVGが向いています。

SVGのどの機能を使うのか、どういったグラフィックなのか、などの用途に合わせて適宜表示方法を選ぶようにしてください。

表7 SVGの各表示方法と、各ブラウザにおける注意点のまとめ

	img 要素	object 要素 iframe 要素	CSS background	HTML5 inline SVG
Chrome			svg 要素に width,height 属性の指定が必要	svg 要素に width, height 属性が指定してあり、CSS に width:100%; height:auto; がある場合、viewBox の表示領域が広がる
Safari	•Safari 5.1 以下では filter 要素に非対応		svg 要素に width,height 属性の指定が必要	svg 要素に width, height 属性が指定してあり、CSS に width:100%; height:auto; がある場合、viewBox の表示領域が広がる
Firefox	svg 内の Media Queries の基準がおかしくなる		svg 要素に width,height 属性の指定が必要	
IE	•IE10 以下では filter 要素に非対応 •CSS Animation に非対応 •animate 要素でのアニメーションに非対応 img 要素側でのサイズ指定が必須	object 要素側でのサイズ指定が必須	svg 要素に width,height 属性の指定が必要。svg 要素に width,height 属性の指定がない場合、repeat と background-position が無効	svg 要素だけでは、高さの確保がなされず、Fluid にできない svg の子要素には CSS の transform などが無効になる
iOS	•iOS Safari 5.1 以下では filter 要素に非対応			
Android	•Android Chrome で preserveAspectRatio の設定反映のバグあり •Android ブラウザ 4.35.1 以下では filter 要素に非対応 svg 要素に width,height 属性の指定が必要		svg 要素に width,height 属性の指定が必要	

参照モードと処理モード

SVG の参照方法によって、また各ブラウザベンダーの解釈とポリシーによって相違があるのが現状ですが、本来これらは統一されることが理想です。

そこで現在、SVG の機能の許可範囲を定める**「処理モード（Processing modes）」**と、SVG をどういう文書として扱うかの**「参照モード（Referencing modes）」**という仕様の策定が進められています[45]。

どちらもまだ草案段階ですが、SVG 2 の勧告が控えていることもあり、これらのモードが策定されつつあることを知っておけば将来的に有益でしょう。

ヒント*45

•仕様草案 SVG Integration - Processing modes
https://svgwg.org/specs/integration/#processing-modes

•仕様草案 SVG Integration - Referencing modes
https://svgwg.org/specs/integration/#referencing-modes

6-5　HTML内でのSVGの表示

257

処理モード（Processing modes）

　SVGの埋め込み方により、SVGの持つ機能のどれを許可するかを取り決めるモードです。

　SVGの機能として「スクリプトの実行」「外部リソース参照」「SMILアニメーション」「インタラクション（イベントやリンク）処理」があり、各モードでそれぞれ許可されるものが異なります。各モードは埋め込み方法によって変わるものであり、今後ブラウザ間でも統一されていくものと予想されます 表8。

表8 それぞれの処理モードと許可される機能

	Dynamic Interactive Mode SVGのすべての機能を表示・処理モード	Animated Mode アニメーション処理モード	Secure Animated Mode アニメーション処理モード	Static Mode 静止画表示モード・削除される予定	Secure Static Mode 静止画表示モード
スクリプトの実行	✔				
外部リソース参照	✔	✔		✔	
SMILアニメーション	✔	✔	✔		
インタラクション処理（イベント・リンク）	✔				
埋め込み方法	HTML <object> <embed> <iframe> ／ HTML5 Inline SVG		HTML <img> ／ CSS background content	HTML <img> ／ CSS background content	

参照モード（Referencing modes）

　参照モードは、SVGの参照方法によってどういう種類のリソースとして扱うかを取り決めるものです。埋め込み方やSVGの用途でモードが定義されており、それぞれの参照モードによって上記の処理モードも変わることになります。

SVG 非対応ブラウザへのフォールバック

　現行のブラウザはほぼSVGをサポートしていますが、実装要件的にはSVG非対応なIE 8、およびAndroid 2での代替表示対応も求められこともあるでしょう。その場合のフォールバック方法を紹介します。

　なお、SVG非対応ブラウザではSVGそのものをまったく表示することができ

ないので、SVGのグラフィックと同じ見た目のビットマップ画像を、拡張子だけが異なるファイル名にして用意しておきましょう。

img 要素で SVG を表示させる場合

img要素でSVGを参照する場合のフォールバックはJavaScriptを使うことになります。

以下のサンプルコードでは、SVG非対応ブラウザの場合、img要素のsrcの値の「.svg」の部分を「.png」に置換しています。SVGファイルと同じファイル名のPNGファイルを用意しておくのが条件です。

JavaScript – SVG非対応ブラウザを判別してフォールバック

```javascript
if(!window.SVGSVGElement){    // SVG非対応ブラウザの判別
    $('img[src*="svg"]').attr('src', function() {
        return $(this).attr('src').replace('.svg', '.png');  // 拡張子を置換
    });
}
```

ブラウザがどのような機能をサポートしているかを判別できるライブラリ**「modernizr.js」を使用してSVGの対応ブラウザか判別してもいい**でしょう[46]。

また、以下のようにonerrorイベントでsrcを置換することも可能です。ただし、このお手軽な方法はイベントの発火が多くなるとパフォーマンス的に難があるので、1ページ内に大量のSVG画像がある場合には適していません。

HTML – onerrorイベントでsrcの値を書き換え

```html
<img src="sample.svg" alt="サンプル画像" onerror="this.src='sample.png';">
```

> **ヒント*46**
>
> • Modernizr
> http://modernizr.com/

object 要素で SVG を表示させる場合

SVGのフォールバックとしては最も容易に実装することができます。object要素の子要素に代替画像を置けばいいだけです。JavaScriptがオフの環境でも動作します。

HTML – object要素ではフォールバックが容易

```html
<object type="image/svg+xml" data="sample.svg">
    <!-- SVG非対応の場合の代替画像 -->
    <img src="sample.png" alt="サンプル画像">
</object>
```

ただし、object要素での表示方法でも説明したようにパフォーマンスの問題があります。

フォールバックとして代替画像を置くことで、SVG対応ブラウザの多くでは**svgファイルと代替PNG画像のどちらも読み込まれてしまい**、明らかにHTTPリクエストの無駄が発生します。本来であれば、あくまで代替の画像なので読み込む必要がないのです。

この場合、以下のようにobject要素を入れ子にすることで回避することができます。

HTML - object 要素の入れ子も可能

```html
<object type="image/svg+xml" data="sample.svg">
    <!-- SVG非対応の場合の代替画像 -->
    <object type="image/png" data="sample.png">
        <p>サンプル画像</p>
    </object>
</object>
```

しかし、上記object要素のネストの方法ではコードが冗長的になり、実装にも手間がかかりそうです。

img要素のフォールバックと同じように、JavaScriptでブラウザ判別を行ってSVGと代替PNGを置換するほうがスマートでしょう。

CSS background に SVG を表示させる場合

CSSの背景画像にSVGを使う場合のフォールバックには、1つの要素に複数の背景画像を適用させるCSS3の「Multiple Backgrounds」機能を利用します。

CSS - Multiple Backgrounds でフォールバック

```css
.svg-bg {
    background-image: url('sample.png');   /* SVG非対応ブラウザ用 */
    background-image: url('sample.svg'), none;   /* SVG対応ブラウザ用 */
}
```

上記のコードの場合、Multiple Backgrounds非対応のブラウザでは最後の行は無視されます。**Multiple Backgroundsに対応しているブラウザはたいていSVGもサポートしているので、url('sample.svg')の部分のみが有効**となります。

ただし、Android 2系はSVGに非対応なのですが、Multiple Backgroundsには対応しているので上記方法では問題が生じます。

Android 2を考慮するならば、modernizr.jsを使いましょう。html要素に

SVGに対応しているかどうかを示すclassが付与されるので、子孫セレクタで振り分けることが可能です。

CSS - modernizr.jsを使って子孫セレクタでフォールバック

```css
.svg-bg {   /* SVG対応ブラウザ用 */
    background-image: url('sample.svg');
}
.no-svg .svg-bg {   /* SVG非対応ブラウザ用 */
    background-image: url('sample.png');
}
```

インラインSVGの場合

インラインSVGの場合では、SVGの「foreignObject要素」を使うことでフォールバックが可能です。foreignObject要素は、svg要素の中にSVGとは異なる名前空間の要素を置くことを許可する要素で、SVG内にHTMLの要素を置いて表示させることができます。

まずは、SVG対応ブラウザのためにforeignObject要素にdisplay="none"を指定して非表示にしておきます。SVG非対応のブラウザはSVGの各要素は解釈せず、foreignObject要素の中身だけが解釈されて表示されることになります。

HTML - foreignObject要素でフォールバック

```html
<html>
    <body>
        <svg viewBox="0 0 200 200">
            <!-- 本来のSVGコード ここから -->
            <rect x="0" y="0" width="200" height="200"/>
            ...
            <!-- / 本来のSVGコード ここまで -->
            <foreignObject display="none">
                <!-- SVG非対応ブラウザではここだけが表示される -->
                <img src="sample.png" alt="サンプル画像"/>
            </foreignObject>
        </svg>
    </body>
</html>
```

ただしSVG対応ブラウザでは、object要素の場合と同様、代替のPNG画像も読み込んでしまうためHTTPリクエストの無駄が発生します。

インラインSVGを利用する場合は、そもそもの要件として対象ブラウザをモダンブラウザのみに絞ることが得策でしょう。

6-6 SVGならではの効果的な使い方

ここまで紹介したように、SVGはビットマップ画像では実現できない多彩な表現が可能なフォーマットです。ですがフィルター効果やアニメーションなどの目立つ機能ばかりに目を向けてしまうのもったいないことです。地味ながらも便利な、SVGならではの効果的な使い方もあります。

CSS Spritesよりも便利なSVG Sprites

SVG Spritesは、インラインSVGとsymbol要素を使った、SVGならではの利用方法です。

HTMLの中にあるインラインSVGのsymbol要素は、同HTML内であればどこでも参照して表示させることが可能です。この利用方法でアイコン表示を行えば、CSS SpritesとIcon Fontsのメリットを合わせたような実装が可能になります 図37 。

- CSS Spritesと違って、各アイコンの色やサイズを変更できる
- Icon Fontsと違って、各アイコンの塗りに単色以外にもグラデーションやパターンを指定できる
- スプライト画像やフォントファイルを必要としないのでHTTPリクエストを節約できる
- SVGとしての装飾はすべて実現可能

図37 シンボル化したアイコンをSVG Spritesとして表示させた例。色やサイズはCSSで自由にスタイリングできる

HTML - symbol要素を別のsvg要素にて参照する

```html
<body>

    <!-- シンボルやグラデーション定義のみを含んだsvg要素 -->
    <svg style="height: 0; width: 0; overflow: hidden; position: absolute;">

        <!-- 星アイコンのシンボル -->
        <symbol id="icon-star" viewBox="0 0 512 512">
            <title>Star</title>
            <path d="M494.77 186.92c11.484 1.848 17.23 6.568 17.23 14.157..."/>
        </symbol>

        <!-- リンクアイコンのシンボル -->
        <symbol id="icon-link" viewBox="0 0 512 512">
            <title>Star</title>
            <path d="M481.23 311.383c17.232 17.233 25.847 38.156 25.847..."/>
        </symbol>

        <!-- プラスアイコンのシンボル -->
        <symbol id="icon-plus" viewBox="0 0 512 512">
            <title>Star</title>
            <path d="MM492.308 108.31v295.385c0 24.414-8.668 45.288-26..."/>
        </symbol>

        <!-- グラデーションの定義 -->
        <linearGradient id="gradient1">
            <stop offset="0" style="stop-color:#00FFFF"/>
            <stop offset="1" style="stop-color:#0071BC"/>
        </linearGradient>

    </svg>

    <h1>SVG Spritesを使おう</h1>
    <p>Lorem ipsum dolor sit amet, consectetur ... </p>

    <!-- 各アイコンのシンボルを参照して表示 -->
    <svg class="icon icon-gradient"><use xlink:href="#icon-star"></use></svg>
    <svg class="icon icon-red"><use xlink:href="#icon-plus"></use></svg>
    <svg class="icon icon-orange"><use xlink:href="#icon-minus"></use></svg>

</body>
```

6-6 SVGならではの効果的な使い方

```
CSS - use要素の装飾指定

/* 基本サイズ */                              width: 90px;
.icon {                                       height: 90px;
    width: 60px;                          }
    height: 60px;
    vertical-align: middle;               /* 色指定 */
}                                         .icon-red {
                                              fill: #f00;
                                          }
/* サイズ指定 */                              .icon-orange {
.icon-xs {                                    fill: #fc0;
    width: 20px;                          }
    height: 20px;                         .icon-green {
}                                             fill: #1abc9c;
.icon-sm {                                }
    width: 30px;                          .icon-gradient {
    height: 30px;                             fill: url(#gradient1);
}                                         }
.icon-lg {                          ↗
```

最初のsvg要素では、symbol要素やlinearGradient要素といった実体のない図形のみを内包していますから表示されません。ただし、SVG要素そのものは実体があるので、CSSでサイズを0にしています。display:none; で非表示にしてもいいのですが、そうすると参照したときにグラデーションが非表示になってしまいます。

あとはそれぞれのsymbol要素を、同ドキュメントにおける別のsvg要素内のuse要素から参照すればアイコンとして表示されることになります。use要素は個別にCSSでの装飾が可能です。

ただし、**symbol要素の中の図形に対して塗りや線の装飾を指定していると、use要素で参照した際にそれらを上書き変更できない**ので注意してください。

SVG に Media Queries を取り入れる

SVGファイル内ではCSSにMedia Queriesを使用することができます。つまりSVGで使えるCSSプロパティであれば、ブラウザ幅などに応じて装飾を変更することができるということです。

画像のサイズや色などの変更はもちろんですが、以下の例ではブラウザ幅に応じてロゴの形そのものを変更するようにしました 図38 。

図38 Media Queriesを利用して実装した、ブラウザ幅に応じて見た目の変わるロゴ

実装方法はいたってシンプルで、それぞれのブラウザ幅で表示させたい図形ごとにグループ化して個別にclass名など付け 図39 、幅に応じてCSSで表示と非表示を変更しています。

図39 各ブラウザ幅で表示/非表示を切り替える図形をそれぞれでグループ化する

HTML

```html
<div class="block">
    <svg id="logo" viewBox="0 0 470 346">

        <!-- デスクトップ幅以上で表示するグループ -->
        <g id="large-logo" class="c-black">
            <path d="M233.08 156.055c44.2-15.598 89.907-31.73..."/>
        </g>

        <!-- タブレット幅以上で表示するグループ -->
        <g id="mid-logo" class="c-white">
            <path d="M103.983 168.56c-.664-.126-1.31-.4-1.935-...."/>
        </g>

        <!-- すべての幅で表示するグループ -->
        <g id="main-logo">
            <path class="c-black" d="M470 195.857c-16.37-11.264..."/>
        </g>
    </svg>
</div>
```

ヒント*47

サンプルでは、display: none;で図形を非表示にしていますが、opacity: 1;などを使えばフェードイン／アウトするようにアニメーション効果を付加することもできます。

CSS - Media Queries を利用 *47*

```css
#logo {
    display: block;
    margin: auto;
}
/* スマートフォン幅の場合 */
#mid-logo, #large-logo {
    display: none;
}
/* タブレット幅の場合 */
@media (min-width: 768px){
    #mid-logo {
        display: block;
    }
        fill: #2B2622;
    }
}
/* デスクトップ幅の場合 */
@media (min-width: 1024px){
    #mid-logo {
        fill: #fff;
    }
    #large-logo {
        display: block;
    }
}
```

なおインラインSVG以外では、SVGファイル内のMedia Queriesが基準とする幅はSVGそのものの表示幅となります。デバイスやブラウザの幅が基準ではありません。**SVGとMedia Queriesを組み合わせる場合はインラインSVGを利用する**ようにしましょう。

CSS内でも使える疑似的インラインSVG

Data URI Scheme を利用すれば、SVGのコードをCSS内にも直接記述することができます。**SVGはバイナリデータではないため、Base64形式にエンコードすることなくインラインで埋め込むことが可能**です。

以下のように、Data URI Schemeにてファイルタイプをdata:image/svg+xml;と明示します。

CSS - Data URI内にSVGのコードを直接記述できる

```css
.svg-icon {
    background: url('
        data:image/svg+xml;charset=utf8,
        <svg xmlns="http://www.w3.org/2000/svg" viewBox="0 0 10 10" width="10" height="10">
            <circle fill="orange" cx="5" cy="5" r="5"/>
            ...
        </svg>
    ');
}
```

シンプルな図形のパターン背景として使いたいときや、単発で使うアイコンな

どの場合に、IllustratorからのコピÜ書き出し機能を使えばほとんど時間をかけず実装できます。

画像の「中身」にアクセシビリティを確保する

SVGはXML文書ですから、HTMLと同様にテキストノードを含むことができます。つまり、画像でありつつ文字情報を含めることで、より詳細なアクセシビリティを確保することができるのです。ビットマップ画像やCanvasでは実現しえない、SVGの最大のメリットといえるでしょう[*48]。

文書にも図形ごとに指定できるtitle要素とdesc要素

HTMLのtitle要素やmeta要素のdescriptionに相当する要素として、タイトルと要約を定義する**title要素とdesc要素**があります。

SVGの場合、このtitle要素とdesc要素は、文書（1つのSVG画像）そのものの説明だけでなく、**それぞれのコンテナ要素やグラフィックス要素に対して、個別にtitle要素とdesc要素を指定**することができます 図40 。

> **ヒント*48**
> 現在、SVG Accessibility APIの仕様策定が進められており、SVGのWAI-ARIAへの対応などが定義付けられることになります。伴ってブラウザなどのUA側もよりSVGアクセシビリティをサポートするようにアップデートされると思われます。
>
> ● SVG Accessibility API Mappings 仕様草案
> http://www.w3.org/TR/2015/WD-svg-aam-1.0-20150226/

基本的には、1つの画像に対して1つの説明文

```
<img src=hamburger.svg"
    alt="ハンバーガーとポテトのセット"
    longdesc="http://example.com/hamburger-potato">
```

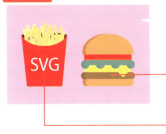

SVG内のそれぞれの図形に対してそれぞれの説明文

```
<svg viewBox="0 0 400 300">
    <title>ハンバーガーとポテトのセット</title>
    <desc>これが定番。お得なセットです</desc>
    <g id="hamburger">
        <title>トマトチーズバーガー</title>
        ...（ハンバーガーの図形）...
    </g>
    <g id="potato">
        <title>ポテトMサイズ</title>
        ...（ポテトの図形）...
    </g>
</svg>
```

図40 SVGでは複数の図形やグループに対し、個別にtitle要素・desc要素を指定することができる

ビットマップ画像では通常、alt属性によって1つの説明しか加えられませんが、SVGでは1つの画像の中に複数の説明を付与できることで、より詳細なアクセシビリティを実現できるのです[*49]。

role属性とaria-*属性でスクリーンリーダーに対応

このtitle要素とdesc要素ですが、実はOSXに搭載されているVoiceOverなどのスクリーンリーダーが対応しておらず、読み上げの対象となっていません。

ただし、role属性とaria-labelledby属性を使用して明示的に読み上げ対象とすることが可能です。以下のコードでは、複数のコンテナ要素を対象として**aria-labelledby属性値にtitle要素とdesc要素のidを指定し参照**させています。

HTML - コンテナ要素ごとにaria-labelledby属性を追加

```html
<g role="img" aria-labelledby="title1 desc1">
    <title id="title1">四角</title>
    <desc id="desc1">黒い正方形</desc>
    <rect width="100" height="100"/>
</g>
<g role="img" aria-labelledby="title2 desc2">
    <title id="title2">丸</title>
    <desc id="desc2">黒い正円</desc>
    <circle cx="170" cy="50" r="50"/>
</g>
```

これにより、1つの画像の中にある複数の図形やグループごとにフォーカスして、個別に説明を読み上げることが可能になります[*50]。

また、SVG内のtext要素の代わりに、**foreignObject要素内にHTMLの見出し要素を使うことで、スクリーンリーダーの「見出し間スキップ」機能に対応**させることも可能になります。詳しくは、筆者の下記スライドで紹介していますのでご一読ください 図41。

図41 HTML5とSVGで考える、これからの画像アクセシビリティ（http://www.slideshare.net/ssuser99dc16/html5fun-svg-accessibility）

ヒント*49

SVG 1.1 SEの仕様では、「独立したSVG文書の最も外側のsvg要素に対し、常にtitle要素を子要素として与えるべきである」とあります。

・出典：Scalable Vector Graphics (SVG) 1.1 (Second Edition) http://www.w3.org/TR/SVG/struct.html#DescriptionAndTitleElements

IllustratorでSVGにはこのtitle要素は含まれませんから、保存後のコードを編集して適宜追加するようにしましょう。

ヒント*50

role属性、およびaria-*属性は、Webコンテンツおよびアプリケーション、特にRIA（Rich Internet Applications）をあらゆるユーザーにとってよりアクセシブルにするための仕様「WAI-ARIA」で定義されている属性です。role属性はインターフェース上の「ロール（役割）」を、aria-*属性は「ステート／プロパティ（状態）」を明確に指定するものです。

索引

数字

9スライス ················ 25, 89, 90, 115

A

AI ··· 165
Align text baseline ····················· 181
aria-labelledby 属性 ················ 268
Avocode ·· 198

B

background プロパティ ············· 251
Base64 ······························· 244, 247

C

circle 要素 ···································· 209
clipPath 要素 ································ 221
CMYK ··················· 15, 30, 42, 69, 80
Color Contrast Analyser ··········· 180
Color copier ································· 180
Content Generator ············ 156, 178
CSS ··················· 218, 225, 251, 266

D

Data Parser ·································· 181
Data URI Scheme ············ 244, 266
defs 要素 ·· 215
desc 要素 ·· 267
DOCTYPE宣言 ················ 204, 234
Dynamic button ···························· 182

E

ellipse 要素 ··································· 209
EPS ·· 174

F

feBlend 要素 ································· 241
filter 要素 ·· 223
Fireworks ····································· 171
Fluid Image ··············· 233, 248, 255
foreignObject 要素 ···················· 261

G

g要素 ·· 215

H

height 属性 ···································· 205

I

Illustrator ···················· 13, 165, 230
image 要素 ··································· 211
img 要素 ······························ 247, 259
Inkscape ······································ 238
inVision ··· 192

J

JPEG ··· 126

L

line 要素 ·· 210

M

Make Grid ····························· 136, 159
mask 要素 ····································· 222
Media Queries ···························· 264
Multiple Backgrounds ·············· 260

O

object 要素 ····························· 249, 259

P

path 要素 ······································· 210
PDF ··························· 74, 128, 173
Photoshop ···························· 16, 169
Plugin Requests ·························· 178
PNG ······························· 73, 126
[PNGオプション] ダイアログボックス
·· 74
polygon 要素 ································ 210
polyline 要素 ································ 210
preserveAspectRatio 属性 ········· 252
PSD ··· 169

R

rect 要素 ·· 209
RenameIt ······································ 179
RGB ····················· 15, 30, 42, 69, 80
role 属性 ·· 268
RWD ·· 107

S

Skala Preview/Skala View ········ 185
Sketch 3 ······································· 132
Sketch Commands ····················· 177
Sketch Measure ·························· 179
Sketch Mirror ······························ 183
SketchTool ··································· 188
Sketch ToolBox ··························· 190
Sketch プラグイン ······················ 176
SMIL ··· 227
Snap.svg ······································ 226
SpeedGuide for Sketch ··········· 179
SVG ····················· 127, 172, 200
SVG 2 ············· 202, 211, 229, 240
SVG DOM ···························· 226, 229
SVGO ·· 245
SVG Sprites ································· 262
[SVGオプション] ダイアログボックス
··· 128, 230
SVGフィルター ················ 224, 236
svg要素 ·· 204
symbol 要素 ········ 206, 216, 243, 262

T

text 要素 ·· 211
title 要素 ·· 267
transform 属性 ···························· 212
tspan 要素 ······················· 211, 232

U

use要素 ·· 243

V

viewBox 属性 ···················· 204, 217

W

WAI-ARIA ···················· 267
[Web用に保存] ダイアログボックス
··································· 120
width属性 ··················· 205

X

xlink:href属性 ·········· 211, 215
XML ·························· 200
xmlns:xlink ················· 204
XML宣言 ················ 203, 234

Z

Zeplin ························ 198

あ行

アートボード ······ 20, 36, 46, 71, 83,
             109, 142, 145, 162, 205
[アートボードオプション]
    ダイアログボックス ········ 38, 84
アートボードごとに書き出す ······· 123
アートボードに変換 ······ 37, 85, 123
アイコン ······················· 78
アクセシビリティ ·············· 267
アコーディオンメニュー ········· 116
アスペクト比 ·················· 209
アニメーション ················ 225
アピアランス ········· 13, 22, 58, 95,
               102, 166, 240
アピアランスを分割 ············· 113
アプリUIデザイン ·············· 160
アンカーポイント ··········· 46, 242
アンチエイリアス ····· 44, 67, 99, 126
移動 ·························· 52
インスタンス ·················· 25
インラインSVG ··· 233, 253, 261, 262
エリア内文字オプション ·········· 101
[オブジェクトのアウトライン] 効果··· 92

か行

回転 ·························· 52
ガイド ························· 44
ガイドオブジェクト ············· 45
[書き出し] ダイアログボックス
··························· 73, 122
隠す ·························· 48
[角丸長方形] 効果 ·············· 100
カラーガイド ··················· 24
カラーモード ················ 30, 69
環境設定 ······················ 31
カンバス ······················ 142

共有スタイル ·················· 139
グラデーション ············ 220, 241
グラフィックスタイル ·········· 23, 34
グリッドシステム ·············· 111
クリッピングマスク ············· 104
クリップパス ·················· 221
グローバルカラー ··············· 23
[形状に変換] 効果 ··············· 99
原始フィルター ················ 223
[光彩 (内側)] 効果 ··············· 67
合成フォント ················ 27, 39
コンテナ要素 ·················· 214

さ行

座標系変換 ···················· 206
三階ラボアートボード書き出し
ダイアログスクリプト ·········· 129
参照モード ···················· 257
定規 ···················· 38, 45, 46
小数点以下の桁数 ······· 232, 235, 243
処理モード ···················· 257
シンボル ··········· 25, 35, 66, 75, 80,
               88, 138, 161, 217
[シンボルオプション]
    ダイアログボックス ········ 66, 90
スウォッチ ·················· 23, 34
スクリプト ···················· 124
スタンドアロンSVG ·············· 247
スポイトツール ············· 93, 102
[スポイトツールオプション]
    ダイアログボックス ·············· 19
スマートガイド ················· 45
スライス ····················· 121
スライスレイヤー ··············· 152
[整列] パネル ··············· 64, 104
線 ···························· 47
選択オブジェクトに合わせる ········ 84
[線] パネル ···················· 47
線幅と効果を拡大・縮小 ··········· 48
前面オブジェクトで型抜き ·········· 56
線を内側に揃える ············ 47, 240

た行

ダミー画像 ···················· 104
[段組設定] ダイアログボックス ····· 111
テキストスタイル ············ 139, 158
テンプレート ··················· 41
ドロップシャドウ ················ 67

な行

ナビゲーション ················· 93
名前空間 ·················· 204, 234

は行

バージョン管理 ················· 77
背面オブジェクトで型抜き ·········· 96
背面矩形オブジェクト ············· 65
[パスのオフセット] 効果···· 47, 62, 87
パスの単純化 ·················· 242
パスの変形 ···················· 47
[パスファインダー] 効果 ········ 57, 96
[パスファインダー] パネル ········· 55
ピクセルグリッド ··············· 33
ピクセルプレビュー ··········· 30, 32
ピクトグラム ············ 50, 88, 145
ビットマップ ·················· 125
描画モード ···················· 241
フィルター ···················· 223
フォールバック ················ 258
複合シェイプ ··············· 26, 55
[複製を保存] ダイアログ
    ボックス ·················· 74, 122
ブラシ ························ 35
プレゼンテーション属性 ······· 218, 232
プレビュー境界を使用 ············· 32
ページ ······················· 160
ペーストボード ················· 21
ベクター ············· 13, 127, 200
ヘッダー ·················· 89, 115
[変形] 効果 ············ 52, 95, 102
[変形] パネル ·············· 18, 105

ら行

[ラスタライズ] 効果 ·········· 67, 99
リスト ························ 95
リフレクト ···················· 53
利用単位 ····················· 205
レイアウトグリッド ········· 136, 155
レイヤー ············· 36, 142, 242
レスポンシブWebデザイン ··· 107, 233
ロゴタイプ ················· 69, 76

わ行

ワイヤーフレーム ············ 113, 155

読者アンケートにご協力ください

URL：http://book.impress.co.jp/books/1114101097

このたびは弊社書籍をご購入いただき、ありがとうございます。本書はWebサイトにおいて皆様のご意見・ご感想を承っております。1人でも多くの読者の皆様の声をお聞きして、今後の商品企画・制作に生かしていきたいと考えています。

気になったことやお気に召さなかった点、また役に立った点など、率直なご意見・ご感想をお聞かせいただければありがたく存じます。

お手数ですが上記URLより右の要領で読者アンケートにお答えください。

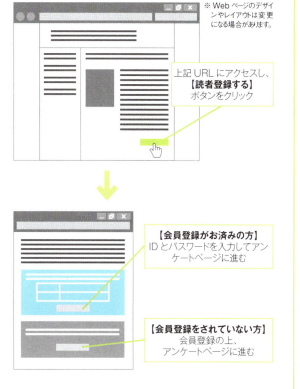

STAFF

装丁・本文デザイン	御堂瑞恵（SLOW inc.）
ＤＴＰ制作	久保真理子、早乙女恩（株式会社リブロワークス）
デザイン制作室	今津幸弘
	鈴木 薫
編　　　　集	大津雄一郎（株式会社リブロワークス）
副 編 集 長	柳沼俊宏
編　集　長	藤井貴志

Web 制作者のための
Illustrator
ベクターデータの教科書

マルチデバイス時代に知っておくべき新・グラフィック作成術

2015 年 5 月 21 日　初版発行

著　者　あわゆき、窪木 博士、三階ラボ（長藤 寛和、宮澤 聖二）、松田 直樹

発行人　土田米一
発　行　株式会社インプレス
　　　　〒 101-0051 東京都千代田区神田神保町一丁目 105 番地
　　　　TEL 03-6837-4635（出版営業統括部）
　　　　ホームページ http://book.impress.co.jp/

●本書の内容に関するご質問は、書名・ISBN・お名前・電話番号と、該当するページや具体的な質問内容、お使いの動作環境などを明記のうえ、インプレスカスタマーセンターまでメールまたは封書にてお問い合わせください。電話や FAX 等でのご質問には対応しておりません。なお、本書の範囲を超える質問に関しましてはお答えできませんのでご了承ください。また、本書の利用によって生じる直接的または間接的被害について、著者ならびに弊社では一切の責任を負いかねます。あらかじめご了承ください。

●落丁・乱丁本はお手数ですがインプレスカスタマーセンターまでお送りください。送料弊社負担にてお取り替えさせていただきます。但し、古書店で購入されたものについてはお取り替えできません。

■読者の窓口　　　　　　　　　　　　　■書店／販売店のご注文窓口
インプレスカスタマーセンター　　　　　株式会社インプレス 受注センター
〒 101-0051 東京都千代田区神田神保町一丁目 105 番地　　　TEL 048-449-8040
TEL 03-6837-5016 ／ FAX 03-6837-5023　　　　　　　　FAX 048-449-8041
info@impress.co.jp

本書は著作権法上の保護を受けています。本書の一部あるいは全部について（ソフトウェア及びプログラムを含む）、株式会社インプレスから文書による許諾を得ずに、いかなる方法においても無断で複写、複製することは禁じられています。

Copyright © 2015 Awayuki, Hiroshi Kuboki, 3flab inc., Naoki Matsuda. All rights reserved.
印刷所　株式会社廣済堂
ISBN978-4-8443-3816-1 C3055
Printed in Japan